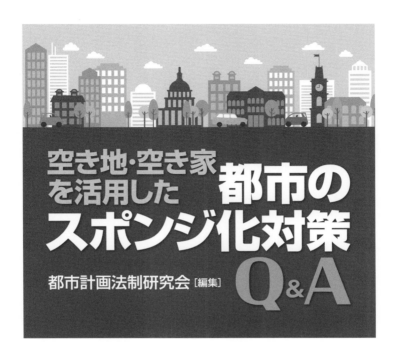

空き地・空き家を活用した 都市のスポンジ化対策 Q&A

都市計画法制研究会 [編集]

ぎょうせい

はじめに

　人口増加社会では、都市計画は、規制的手法を基軸とする開発コントロール等により、秩序ある市街地形成の促進を図ってきました。しかしながら、今後予想される人口減少社会では、開発意欲が減退し、そもそも望ましい土地利用がなされないことが課題となります。現に、2003年から2013年までの間で、空き地のうち世帯が所有するものは約681km^{2}から約981km^{2}へと約1.4倍に、空き家（売却用、賃借用等を除く狭義のもの）については約212万戸から約318万戸へと約1.5倍にそれぞれ増加し、今後さらに人口構成の山である団塊世代が相続期を迎えるのに伴い、これら高齢者世帯が居住していた住宅やその敷地が大量に低未利用化することが見込まれるところです。

　このような中、都市の拠点として都市機能や居住を誘導すべきエリア※においても、小さな敷地単位で低未利用地が散発的に発生する「都市のスポンジ化」が進行し、持続可能な都市構造への転換に向けた「コンパクト・プラス・ネットワーク」の取組みを進める上で重大な支障となっています。スポンジ化の進行は、必要な生活サービス施設が失われるなど生活利便性の低下、日常的な管理が行われない土地・建物が増えることによる治安・景観の悪化などを引き起こし、地域の魅力・価値を低下させるものであり、これによってさらにスポンジ化を進行させるという悪循環を生み出します。

※　平成26年の都市再生特別措置法（平成14年法律第22号）の改正により創設された、「立地適正化計画制度」における都市機能誘導区域及び居住誘導区域。既に全国の407都市が立地適正化計画について具体的な取組みを行い（平成30年3月31日時点）、うち、同年5月1日までに161都市が同計画を作成・公表するなど、一定の成果が挙がっています。

　このような負の連鎖を断ち切り、コンパクトで賑わいのあるまちづくりの一層の推進を図るためには、従来の規制的な土地利用コン

トロールに加えて、低未利用地の利用促進や発生の抑制等に向けた適切な対策を講じることが必要となります。

このため、都市機能や居住を誘導すべきエリアを中心に、低未利用地の集約等による利用の促進、地域コミュニティによる身の回りの公共空間の創出、都市機能のマネジメント等の施策を総合的に講じる、都市再生特別措置法、都市計画法（昭和43年法律第100号）、建築基準法（昭和25年法律第201号）、都市開発資金の貸付けに関する法律（昭和41年法律第20号）の4法律の改正を主軸とする「都市再生特別措置法等の一部を改正する法律」（平成30年法律第22号。以下「改正法」という。）が平成30年4月18日に国会において成立し、同月25日に公布されました。

また、改正法の施行は、改正法において公布の日から起算して3月を超えない範囲内において政令で定める日から施行することとされたため、関係政省令の整備等を待って、平成30年7月15日から施行されました。

なお、平成29年2月、社会資本整備審議会都市計画・歴史的風土分科会都市計画部会の下に都市計画基本問題小委員会が設置され、本格的な人口減少社会の到来等を踏まえ、都市計画に関して現に生じている様々な課題を整理し、対応方策の検討が行われました。そして、同年8月に、同委員会において「都市のスポンジ化への対応」（中間とりまとめ）がとりまとめられました。改正法はその制度的アウトプットとして位置付けられています。

本書では、改正法の内容のうち、主に都市のスポンジ化対策に関連するものについて、ご紹介いたします。

平成30年9月

都市計画法制研究会

【「都市再生特別措置法等の一部を改正する法律」概要】

1. 低未利用地の集約等による利用の促進

① 「低未利用土地権利設定等促進計画」制度の創設

　従来、行政は、民間による開発・建築行為を待って、規制等により受動的に関与してきました。これに対し、低未利用地の利用促進に向けて、その地権者等と利用希望者とを行政が能動的にコーディネートし、所有権にこだわらず、複数の土地や建物に一括して利用権等を設定する計画を市町村が作成する低未利用土地権利設定等促進計画制度が創設されました。当該計画の公告により、一括して権利設定等が行われることとなり、また、所有者等探索のため市町村が固定資産税課税情報等を利用することができることとされました。

② 都市再生推進法人の業務の追加

　市町村長がまちづくりの担い手（まちづくり会社、ＮＰＯ等）として指定する都市再生推進法人の業務に、低未利用地を一時的に保有し、利用希望者が現れた時に引き継ぐ（ランドバンク的機能）などの業務を追加することとされました。

③ 土地区画整理事業の集約換地の特例

　土地区画整理事業においては、照応の原則に基づき、従前の宅地の位置とほぼ等しい位置に換地を定めなければならないこととされていますが、低未利用地の柔軟な集約により、地域に不可欠で、まちの顔となるような商業施設、医療施設等の敷地を確保する必要がある場合には、例外的に従前の宅地の位置と離れた場所に換地できることとされました。

④ 低未利用地の利用と管理のための指針

　市町村が立地適正化計画に低未利用地の有効活用と適正管理

のための指針を定め、相談等の支援を行うこととされました。また、低未利用地が適切に管理されず、悪臭やごみの飛散など、商業施設、医療施設等や住宅の誘導に著しい支障があるときは、市町村長が地権者に勧告することができることとされました。

2. 身の回りの公共空間の創出

① 「立地誘導促進施設協定」制度の創設

都市機能や居住を誘導すべきエリアで、空き地や空き家を活用して、交流広場、コミュニティ施設、防犯灯など、地域コミュニティやまちづくり団体が共同で整備・管理する空間・施設（コモンズ）について、地権者合意により協定を締結することができることとされました（承継効付）。また、市町村長が周辺地権者に参加を働きかけるよう、協定締結者が要請できる仕組みも併せて創設されました。

② 「都市計画協力団体」制度の創設

市町村長が住民団体、商店街組合等を都市計画協力団体として指定し、住民の意向把握や啓発活動等を実施することとされました。また、指定された団体については、これまでの提案制度の面積要件（0.5ha以上）にかかわらず、良好な住環境を維持するための地区計画など、身の回りの小規模な計画提案も行うことができることとされました。

3. 都市機能のマネジメント

① 「都市施設等整備協定」制度の創設

民間による都市施設、地区施設等の整備については、都市計画決定をされても整備がなされないなどのために地域バリュー

の低下をもたらし、スポンジ化の要因となるケースも認められるところであり、都市計画決定権者と民間事業者とが役割・費用の分担等を定め、都市計画決定前に協定を締結する仕組みが導入されました。

② 商業施設、医療施設等の誘導施設に係る休廃止届出制度の創設

現行の立地適正化計画では、都市機能誘導区域内に誘導すべきとされている商業施設、医療施設等の誘導施設を区域外に作ろうとする場合、市町村長への事前届出義務があり、市町村長は必要に応じて勧告を行うことができるとされています。これに加え、今般、都市機能誘導区域内にある商業施設、医療施設等の誘導施設を休廃止しようとする場合に、市町村長への事前届出を求めることとし、市町村長は必要に応じて、助言・勧告（既存建物活用による商業機能の維持等のための措置）を行うことができる仕組みが導入されました。

目　　次

第1章　総論

I　都市のスポンジ化の背景と概要 …………………………… 3
　1．都市のスポンジ化の要因と対策の方向性 ………………… 3
　2．改正の意図 ……………………………………………… 4
　【そもそも都市のスポンジ化とは？】
　Q　都市のスポンジ化の定義はどのようなものか。 ………… 5
　Q　全国的な都市のスポンジ化は、いつ頃から発生し、その要因は何なのか。 …………………………………………… 6
　Q　空き地・空き家の発生など、都市のスポンジ化の現状は定量的にどのようになっているのか。 ……………………… 7
　Q　今回創設する都市のスポンジ化対策に係る制度と、これまで進めてきたコンパクト・プラス・ネットワーク施策との関係性は何か。 …………………………………………… 8
　Q　改正法はどのような区域で適用されるのか。 …………… 8
　Q　立地適正化計画の区域以外の区域においては、空き地・空き家等の対策として、どのような対策を行うことが考えられているのか。 ………………………………………………… 9
　Q　都市が拡大から縮小へと変化する中において、市町村の役割はどのように変化すると考えられているのか。 ……………… 10
　Q　改正法では、都市のスポンジ化の予防のための対策も講じられているのか。 ……………………………………… 10
　Q　今回創設する制度は、所有者不明土地対策に使えるのか。 ……… 11
参考　立地適正化計画について ……………………………… 12
　1．コンパクト・プラス・ネットワークの在り方 …………… 12
　2．立地適正化計画制度の意義・役割 ……………………… 14

3．立地適正化計画の対象区域と各誘導区域等の関係 ················ 19
4．居住誘導区域 ··· 21
5．誘導施設と都市機能誘導区域 ······································· 23
6．居住誘導区域外の区域 ··· 28

第2章　低未利用地の集約等による利用の促進

Ⅰ　低未利用土地権利設定等促進計画制度の創設 ················ 39
【都市再生特別措置法】

Q　本計画の活用イメージとしては、どのようなものが考えられるか。 ··· 47

Q　立地誘導促進施設協定（後述）と本計画を組み合わせて活用することはできるか。 ··· 49

Q　本計画にはどのような税制措置が講じられているのか。 ············ 50

Q　本計画の作成にあたっては民間団体との連携が重要だと考えられるが、連携に対するインセンティブ等は措置されているのか。 ···· 50

Q　都市再生法第81条第10項において、低未利用土地利用等指針（後述）に関する事項が立地適正化計画に記載された場合に、低未利用土地権利設定等促進事業区域等を記載することができることとされた理由は何か。 ·· 51

Q　都市再生法第81条第10項の「低未利用土地が相当程度存在する区域」とは、どのように判定されるのか。 ························· 52

Q　都市再生法第81条第10項において、本計画の対象となる土地から、公共施設の用に供されている土地並びに農地、採草放牧地及び森林を除外する理由は何か。 ·· 53

Q　どのような土地・建物の利用のための権利設定等が本計画の対象となるか。 ·· 54

Q　低未利用土地権利設定等促進事業区域内の土地に限らず、当該土

地に存する建物をも本計画の対象としている理由は何か。……… 54
　Q　本計画では、計画に記載することができる権利から、「一時使用
　　　のための権利」を除外していない理由は何か。……………… 55
　Q　都市再生法第109条の６第１項において、本計画の作成主体を市
　　　町村とした理由は何か。………………………………………… 56
　Q　都市再生法第109条の６第２項における本計画の記載事項の考え
　　　方は何か。………………………………………………………… 56
　Q　都市再生法第109条の６第３項第２号の「これと併せて行う当該
　　　権利設定等を円滑に推進するために必要な権利設定等」とは何
　　　か。………………………………………………………………… 57
　Q　都市再生法第109条の６第３項第３号から第５号までに規定され
　　　ている同意を得る者の範囲の考え方は何か。………………… 57
　Q　都市再生法第109条の６第３項第６号の「適正かつ確実に利用す
　　　ることができると認められること」とは何か。……………… 58
　Q　都市再生法第109条の７において、本計画の作成の要請に係る規
　　　定を措置した理由は何か。……………………………………… 58
　Q　本計画及びその公告の法的性格はどのように考えられるのか。… 59
　Q　本計画に権利設定等に係る事項を定める場合に、本計画の公告と
　　　の関係で気を付けるべきことは何か。………………………… 60
　Q　都市再生法第109条の10において、登記の特例に係る規定を措置
　　　した理由は何か。………………………………………………… 60
　Q　都市再生法第109条の12（低未利用地等に関する情報の利用等）
　　　を措置した理由は何か。………………………………………… 61
　Q　都市再生法第109条の12第１項において、市町村は保有する課税
　　　情報等を必要な範囲で内部利用することができるとされたが、個
　　　人情報保護との関係はどのようになっているのか。………… 62
Ⅱ　都市再生推進法人の業務の追加………………………………………… 64

【都市再生特別措置法】
- Q 都市再生推進法人への低未利用地の譲渡について、どのような税制措置が講じられているのか。 ………………………………… 65

Ⅲ-1 土地区画整理事業の集約換地の特例 …………………………… 67
【都市再生特別措置法】
- Q 本特例はどのような地域で活用されると想定されるか。 ………… 72
- Q 建築物等の敷地として利用されていない宅地に準ずる宅地とはどのような宅地か。 ……………………………………………………… 72
- Q 本特例を活用できる土地区画整理事業は、建築物等の敷地として利用されていない宅地又はこれに準ずる宅地が相当程度存在する区域内において施行されるものとされているが、これらの宅地がどの程度存在することが必要か。 ……………………………………… 73
- Q 建築物等の敷地として利用されていない宅地等のみを申出対象としている理由は何か。 ………………………………………………… 73
- Q 誘導施設を有する建築物の整備に必要な地積は、どのように決定されると想定されるか。 ………………………………………………… 74
- Q 本特例に係る財政的な支援措置としては、どのようなものがあるか。 ……………………………………………………………………… 74

Ⅲ-2 土地区画整理事業を行う民間事業者に対する資金貸付け制度の創設 ………………………………………………………………………… 75
【都市開発資金の貸付けに関する法律】

Ⅳ 低未利用地の利用と管理のための指針 ………………………………… 79
【都市再生特別措置法】
- Q 低未利用土地利用等指針にはどのような内容を記載することとなるのか。 ………………………………………………………………… 82
- Q 都市再生法第109条の5第1項に基づき、市町村はどのような助言を行うことが想定されているのか。 ………………………………… 82

Q 都市再生法第109条の5第3項に基づき、市町村長はどのような勧告を行うことが想定されているのか。……………………… 83

Q 都市再生法第109条の12（低未利用地等に関する情報の利用等）を措置した理由は何か。……………………… 83

Q 都市再生法第109条の5第2項において、都市計画協力団体に対し低未利用地の利用に関する援助を要請することができることとした理由は何か。……………………… 84

第3章　身の回りの公共空間の創出

I　立地誘導促進施設協定制度の創設 ……………………… 89
【都市再生特別措置法】

Q 本協定の活用イメージとしては、どのようなものが考えられるか。……………………… 94

Q 本協定にはどのような税制措置が講じられているのか。……… 95

Q 住民等が本協定を締結すると、具体的にどのようなメリットがあるのか。……………………… 96

Q どのような施設等が本協定の対象となるのか。……………… 96

Q 借地人のみの同意で本協定を締結できることとすることは、底地権者に不測の不利益を与える場合があるのではないか。………… 97

Q 都市再生法第81条第8項及び第109条の2第1項の「仮換地として指定された土地にあっては、当該土地に対応する従前の土地の所有者及び借地権等を有する者」とは誰か。……………………… 98

Q 都市再生法第81条第8項の「立地誘導促進施設の一体的な整備又は管理に関する事項」とは何か。……………………… 99

Q 都市再生法第109条の2第1項の「一団の土地」とは何か。…… 100

Q 本協定において、一団の土地の所有者等の全員の合意を要件としている妥当性・必要性は何か。……………………… 100

Q	都市再生法第109条の2第1項第1号の「立地誘導促進施設の種類及び位置」とは何か。……………………………………… 101
Q	都市再生法第109条の2第2項第2号にはそれぞれ何を定めるのか。………………………………………………………… 101
Q	都市再生法第109条の2第2項第3号の「有効期間」には、どの程度の期間を定めるのか。……………………………… 102
Q	都市再生法第109条の2第2項第4号には何を定めるのか。…… 103
Q	本協定における協定区域隣接地に係る制度の効果は何か。……… 103
Q	協定区域隣接地の具体的なイメージはどのようなものか。……… 104
Q	例えば、本協定区域と道路等をはさんだ土地についても、本協定区域に隣接した土地として協定区域隣接地になり得るのか。…… 104
Q	都市再生法第109条の2第3項において準用する都市再生法第45条の3第2項の「関係人」の範囲はどこまで該当するのか。…… 105
Q	都市再生法第109条の2第3項において準用する都市再生法第45条の4第1項第2号の「土地又は建築物等の利用を不当に制限するものではないこと」とは何か。………………………………… 105
Q	都市再生法第109条の2第3項において準用する都市再生法第45条の5第1項の「協定の効力が及ばない者」とは、具体的に誰のことか。………………………………………………………………… 106
Q	借地契約の更新や借地権の譲渡は、都市再生法第109条の2第3項において準用する都市再生法第45条の6第1項の「借地権等の消滅」に該当するのか。……………………………………… 106
Q	本協定において「承継効」を付与することとした理由は何か。‥ 107
Q	都市再生法第109条の2第3項において準用する都市再生法第45条の8第1項の規定の趣旨は何か。………………………………… 107
Q	都市再生法第109条の2第3項において準用する都市再生法第45条の8第5項の「前条の規定の適用がある者」とは具体的に誰か。… 108

Q 都市再生法第109条の２第３項において準用する都市再生法第45条の９第１項において、本協定の廃止は、過半数の合意でよいこととしている理由は何か。……………………………… 108

Q 都市再生法第109条の２第３項において準用する都市再生法第45条の11第１項の趣旨は何か。 ……………………………… 108

Q 都市再生法第109条の３の市町村長によるあっせんに係る規定を措置した理由は何か。 ………………………………………… 109

Q 都市再生法第109条の３のあっせんを行うにあたって、市町村長が留意する必要がある点は何か。 ……………………………… 110

Q 都市再生法第109条の４の協定の認可の取消しに係る規定を措置した理由は何か。 ……………………………………………… 110

Q 都市再生法第109条の４の協定の認可の取消しをする具体的なケースとしては、どのような場合が考えられるのか。 ……………… 111

Ⅱ 都市計画協力団体制度の創設 ……………………………………… 112

【都市計画法】

Q 都市計画法第75条の５第１項において、都市計画協力団体を指定することができるのは市町村長とされた理由は何か。 ………… 116

Q どのような団体が都市計画協力団体として指定されることとなるのか。 ………………………………………………………………… 116

Q 都市計画法第75条の６の規定に基づき、都市計画協力団体は、具体的にどのような業務を行うこととなるのか。 ………………… 117

Q 都市計画法第75条の７の規定に基づき、都市計画協力団体の業務以外の行為に対して改善命令等を行うことはできるのか。 …… 118

Q 都市計画協力団体に指定されるとどのようなメリットがあるのか。 ……………………………………………………………………… 118

Q 都市計画協力団体について、提案に係る面積要件が撤廃されている理由は何か。 ……………………………………………………… 119

Q 都市計画協力団体と都市再生推進法人との主な違いは何か。 …… 119

第4章　都市機能のマネジメント

I 都市施設等整備協定制度の創設 ……………………………………… 123
【都市計画法】
Q 都市計画法第75条の2第1項の「当該都市施設等の整備を行うと見込まれる者」とは、具体的に誰か。 ……………………… 128
Q 民間にとって協定を結ぶことにどのようなメリットがあるか。‥ 128
Q 都市計画法第75条の2第1項各号について、どのような内容を本協定に盛り込むのか。 ……………………………………… 129
Q 都市計画法第75条の2第2項の公告等に係る規定が措置された理由は何か。 ……………………………………………… 130
Q 都市計画法第75条の3の規定の趣旨は何か。 …………………… 131
Q 都市計画法第75条の4の規定の趣旨は何か。 …………………… 131
Q 都市計画法第75条の4第1項において、「第29条第1項の許可の権限を有する者」と規定された理由は何か。 …………………… 132
Q 都市計画法第75条の4第2項において、都市施設等整備協定の公告をもって開発行為に係る許可がみなされることとされた理由は何か。 ……………………………………………………… 133

II 誘導すべき施設（商業施設、医療施設等）の休廃止届出制度の創設
 ………………………………………………………………………… 134
【都市再生特別措置法】
Q 30日前までに届出を求めることとした理由は何か。 …………… 136
Q 小規模な病院や商店も届出の対象となるのか。 ………………… 137
Q 同一の医療法人が、誘導施設である病院を廃止し、介護施設に転用する場合には、本制度の届出は必要となるのか。 …………… 137
Q 誘導施設である病院の一部を、介護施設に転用する場合には、本

Q　制度の届出は必要となるのか（同一の建築物の中に、病院と介護施設が存在）。……………………………………………… 138
　　Q　届出義務が生じる誘導施設を明確にするため、それらの施設をどのように立地適正化計画に定めることが適当であると考えられるか。………………………………………………………………… 138
　　Q　誘導施設を休止する場合の届出をする際に、その後、当該誘導施設を廃止する可能性がある場合には、その旨を休止の届出とあわせて市町村長に届け出ることは可能か。……………………… 139
　　Q　助言や勧告の具体的な内容は何か。……………………………… 139
　　Q　届出をしない場合の罰則があるのか。…………………………… 139

第5章　都市の遊休空間の活用による安全性・利便性の向上

Ⅰ　公共公益施設の転用の柔軟化 ……………………………………… 143
Ⅱ　駐車施設の附置義務の適正化 ……………………………………… 153
Ⅲ　立体道路制度の適用対象の拡充 …………………………………… 157
Ⅳ　都市再生整備計画と歴史的風致維持向上計画のワンストップ化特例
　　……………………………………………………………………… 160

第6章　参考資料

1．都市再生特別措置法等の一部を改正する法律による改正後の建築基準法 ……………………………………………………………… 165
2．都市再生特別措置法等の一部を改正する法律 …………………… 165
3．都市再生特別措置法等の一部を改正する法律の施行期日を定める政令 ……………………………………………………………… 166
4．都市再生特別措置法等の一部を改正する法律の施行に伴う関係政令の整備に関する政令 ……………………………………… 166
5．都市再生特別措置法等の一部を改正する法律の施行に伴う国土交

通省関係省令の整備に関する省令 ……………………………… 166
 6．都市再生特別措置法等の一部を改正する法律読替表 …………… 167
 7．都市再生特別措置法等の一部を改正する法律における都市のスポ
　　ンジ化対策に係る予算、税制措置について ……………………… 178
 8．「都市再生特別措置法等の一部を改正する法律」の公布について
　　 ………………………………………………………………………… 179
 9．コンパクト・プラス・ネットワークの形成に向けた立地適正化計
　　画の活用について ……………………………………………………… 180
10．コンパクトシティと関係施策の連携の推進について ……………… 181
11．地域医療施策と都市計画施策の連携によるコンパクトなまちづ
　　くりの推進について …………………………………………………… 183
12．地域医療施策と都市計画施策の連携によるコンパクトなまちづ
　　くりの推進について …………………………………………………… 185
13．地域包括ケア及び子育て施策との連携によるコンパクトなまち
　　づくりの推進について ………………………………………………… 186
14．都市再生特別措置法等の一部を改正する法律の施行について
　　（技術的助言）………………………………………………………… 189
15．都市計画運用指針の改正について …………………………………… 196
16．固定資産税の課税のために利用する目的で保有する低未利用土
　　地等の所有者に関する情報の内部利用について ………………… 223
17．地籍調査により把握・保有された低未利用土地の所有者等に関
　　する情報の内部利用について ……………………………………… 225
18．立体道路制度の運用について（技術的助言）……………………… 226
19．立体道路制度の運用について（技術的助言）……………………… 228

第1章

総 論

I 都市のスポンジ化の背景と概要

　人口減少社会を迎えた我が国では、地方都市をはじめとした多くの都市において、空き地・空き家等の低未利用地が時間的・空間的にランダムに発生する「都市のスポンジ化」が進行し、持続可能な都市構造への転換に向けた「コンパクト・プラス・ネットワーク」の取組みを進める上で重大な支障となっている。スポンジ化の進行は、必要な生活サービス施設が失われるなど生活利便性の低下、日常的な管理が行われない土地・建物が増えることによる治安・景観の悪化などを引き起こし、地域の魅力・価値を低下させるものであり、これによってさらにスポンジ化を進行させるという悪循環を生み出す。

1．都市のスポンジ化の要因と対策の方向性

　都市のスポンジ化は、人口減少・高齢化による土地利用ニーズの低下を背景としつつ、主に、2つの要因によって、解消が図られないまま進行する。

　まず地権者の利用動機が乏しいことである。これは土地等を相続したが、自身で使う予定もなく、「そのままでも困らない」ことから低未利用のまま放置するような場合を指す。

　次に低未利用地が「小さく」、「散在する」ため、使い勝手が悪いことが挙げられる。

　このため、その対策には、行政から土地所有者等に能動的に働きかけを行い、関係者間のコーディネートと土地等の集約により、利用促進を図ること（所有と利用の分離）や地域コミュニティで考えて、身の回りの都市環境の改善等のために、公共空間を創出する

（まずは使う）といった視点のほか、さらなるスポンジ化の発生を予防する観点等から、官民連携で都市機能をマネジメントするといった視点が求められる。

2．改正の意図

　今般の改正法は、1.のような視点に基づき、まちづくりの現場にスポンジ化対策のための新たなツールを提供するものであるが、同時に、現行の都市計画手法の枠組を、人口減少社会により適応したものへとシフトさせることも企図するものと考えられる。

　現行の都市計画制度は、人口増加・都市拡大の時代背景の中で設計されたものであり、土地利用の面では、スプロールの防止と市街地における用途純化とを主たる目的として、個々の開発・建築行為を捉え、計画や基準に照らして規制的にコントロールを及ぼすことにより、その実現を図ろうとするものである。そこでは、高い開発圧力の下、土地利用計画に従って個々の開発・建築が規律され、永続的な土地利用によって、都市の空間が埋まっていくことが想定・志向されている。

　一方、人口減少・都市縮退の時代においては、土地の過小利用によりもたらされる都市の低密度化を、いかにコントロールするかが重要な政策課題となっている。構造的な対策として、拠点となるべきエリアに都市機能や居住の誘導・集約を図り、コンパクト・プラス・ネットワークの形成促進を進めることが重要だが、これに加え、個々の低未利用地がもたらす外部不経済を回避するとともに、その有効利用を図り、特に拠点となるべきエリアの地域価値の維持・向上を図ることも併せて重要とされる。ここで、既存制度による規制的アプローチは、これまでの規制手法とは異なる利用の放棄や不作為に対して有効に機能するものではないことから、「ポジ

ティブ・プランニング」の手法が必要とされる。そこでは、旺盛な開発・建築需要を前提とするのではなく、小さな更新・リノベーションを促し、それが面に広がっていくことで、時間をかけて拠点となるべきエリアを再生していくという、いわばミクロな視点がみられる。また、永続的な土地利用に期待・固執するのではなく、暫定的な土地利用形態を許容・積極評価する考え方も必要である。

これに加え、現行の土地利用コントロールは、開発・建築を行為時点で捉えて作用を及ぼすことが前提とされているが、スポンジ化対策においては、局所的な改善を積み上げる漸進的な対策が求められることから、継続的に土地利用状況をマネジメントする（都市計画の時間軸の延長）という考え方が求められる。

さらに、現行の都市計画が都市のあるべき姿の計画、いわば「大公共」を都市計画決定権者が実現しようとするものであるとするならば、人口減少社会においては身の回りの都市環境の改善やコモンズ空間の創出など、受益範囲の狭い公共性、いわば「小公共」というべき住民目線の公益の実現を政策対象の中心に据えることも志向されている。

そもそも都市のスポンジ化とは？

Q　都市のスポンジ化の定義はどのようなものか。

A　人口増大期に拡張してきた市街地においては、人口減少に局面が転じ、開発意欲、土地に対する需要が低減しても、直ちに市街地の縮小が進むものではなく、相続や転居などを契機とし、散発的に小規模な空き地等が発生している。

第1章 総　論

　国立社会保障・人口問題研究所（平成25年3月推計）による調査及び国勢調査によれば、三大都市圏及び政令指定都市を除く県庁所在地においては、ＤＩＤ面積が1970年から2010年までの間、2倍になっているにもかかわらず、その間の平均人口は約2割しか増加していないため、市街地の低密度化が進んでいる。さらに、2040年には、1970年時点まで平均人口が減少することが予測されていることから、更なる市街地の低密度化が進行することが考えられている。

　かつての都市計画の議論においては、例えば、産業構造の転換による臨海部の工場跡地や鉄道会社の操車場の跡地などを、政策対象である「空地」として扱ってきた。これらの空地は、まとまった一団の土地であり、他の用途に転換することが可能であった点において、今般、対象としようとしている空き地等とは態様が異なっているところである。

　このため、今般、都市の内部で空き地・空き家等の低未利用の空間が、小さな敷地単位で時間的・空間的にランダムに、相当程度の分量で発生する現象を、「都市のスポンジ化」と称することとされた。

Q　全国的な都市のスポンジ化は、いつ頃から発生し、その要因は何なのか。

A　都市のスポンジ化は、住宅ストック数が世帯数を上回った1968年以降、その差が徐々に拡大していく中にあって、概ね2000年代半ばまでに、人口構成のボリュームゾーンである「団塊ジュニア世代」による住宅需要がピークを迎えるとともに、地方部を中心に本格的な人口減少トレンドに入った結果、起こってきたもの

であると考えられている。

　まず、地方都市が先行する形で問題が顕在化し、その後、大都市においても、郊外部から駅などの周辺への居住移転が進展する中で、徐々に顕在化し、全国的にも社会問題として認識されるようになってきたものと考えられる。

　加えて、個人所有の低未利用地の特性として、相続等によって所有者となったものの、特に使い道もなく、そのままにしておいても困らないため低未利用にしている場合や、小さな敷地単位で散在しているため、使い勝手が悪いといったことから、市場に委ねていても取引が行われにくいという特徴があると考えられている。

　今後、全国レベルで世帯数が減少していくのに合わせて、また、「団塊の世代」が相続期を迎えていく中、さらに顕著になっていく可能性があると考えられている。

Q　空き地・空き家の発生など、都市のスポンジ化の現状は定量的にどのようになっているのか。

A　土地基本調査（国土交通省）によれば、空き地について、世帯が所有する宅地等で利用されていない土地（空き地等）は、平成25年時点において約981km^2、過去10年間で44％増となっている。また、住宅・土地統計調査（総務省）によれば、空き家については、平成25年時点において約820万戸、過去10年間で24％増となっており、このうち、二次的住宅、売却・賃貸用の住宅を除いた狭義の空き家は、約318万戸、過去10年間で50％増となっている。

第1章 総論

Q　今回創設する都市のスポンジ化対策に係る制度と、これまで進めてきたコンパクト・プラス・ネットワーク施策との関係性は何か。

A　人口減少や高齢化の中にあっても、地域の活力を維持するとともに、福祉・医療等の生活機能が確保された、安心して暮らせるまちを実現するため、各種の都市機能をコンパクトに集約し、ネットワークでつなぐ、「コンパクト・プラス・ネットワーク」のまちづくりを推進することが必要である。

しかしながら、近年、このようなコンパクト化の拠点となるべきエリアにおいても、都市のスポンジ化が進行している。スポンジ化の進行によって、市街地環境が悪化し、地域バリューが低下したままでは、都市機能や居住の誘導策を講じても十分な効果が期待できないと考えられる。

このため、まずは、このようなエリアで集中的に対策を講じるべく、発生した「スポンジ化」への対処やその予防のため、低未利用地の集約等による利用の促進や地域コミュニティによる身の回りの公共空間の創出などを図るための新たな制度が導入された。

Q　改正法はどのような区域で適用されるのか。

A　立地適正化計画は、人口減少や高齢化の中にあっても、地域の活力を維持するとともに、福祉・医療等の生活機能が確保された安心して暮らせるまちづくりを実現するため、各種の都市機能をコンパクトに集約するための制度である。

しかしながら、このようなコンパクト化の拠点となるべきエリ

Ⅰ 都市のスポンジ化の背景と概要

アにおいても、都市のスポンジ化が進行している。都市のスポンジ化は、生活利便性の低下や治安・景観の悪化を通じて地域の魅力の低下をもたらし、居住や都市機能の立地の誘導にとって重大な支障となる。

このため、まずは立地適正化計画に居住誘導区域や都市機能誘導区域として集約を図るべきと位置付けられたエリアにおいて、集中的に対応を行うべく、これらの区域が改正法における制度の対象とされたものである。

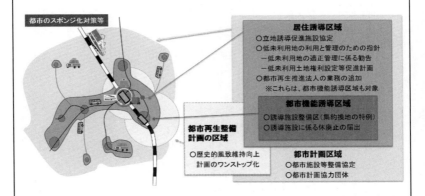

Q 立地適正化計画の区域以外の区域においては、空き地・空き家等の対策として、どのような対策を行うことが考えられているのか。

A 立地適正化計画の区域以外においても、生産緑地制度や田園住居地域制度の活用による農的な土地利用、空き地・空き家を活用して狭小な宅地を統合するいわゆる「2戸イチ」宅地などゆとりある住宅市街地への転換、市町村が地権者に代わり土地の管理を行う跡地等管理協定制度の活用など、土地柄に応じた土地利用がなされることが期待される。

Q 都市が拡大から縮小へと変化する中において、市町村の役割はどのように変化すると考えられているのか。

A 人口増大期における都市政策の主眼は、民間の旺盛な開発圧力に対してスプロール化を防止することにあり、開発・建築を規制する、いわゆる「ネガティブ・プランニング」と呼ばれる対応が基本となっていた。

人口減少期に入り、「都市のスポンジ化」が生じている状況においては、従来の「ネガティブ・プランニング」的手法は、有効性を失ってきており、地方都市等の実態をみても、小規模ながら積極的な、地域の共同空間の創出といった土地利用を引き出す、いわば「ポジティブ・プランニング」の考え方が重要とされている。

その実現に当たっては、市町村に、計画・基準を策定し、開発・建築を受動的にコントロールするという手法から、コーディネートやインセンティブにより、まちづくり会社や地域コミュニティの取組みを能動的に後押しするという姿勢への転換が求められているといえる。

Q 改正法では、都市のスポンジ化の予防のための対策も講じられているのか。

A 改正法では、「都市のスポンジ化」の対策とともに、その予防を行うための様々な制度が措置されている。具体的には、低未利用地の発生を予防する観点から、市町村が都市機能誘導区域内に存する商業施設、医療施設等の誘導施設の休廃止の動きを事前に把握し、撤退前に、他の事業者の誘致を始める等の取組みを可能

I 都市のスポンジ化の背景と概要

とするための誘導施設の休廃止届出制度が創設された。

　また、低未利用土地権利設定等促進計画や立地誘導促進施設協定などは、直接的には低未利用地の利用を促進するものとされているが、これらの措置により、コンパクト化の拠点となるべきエリアの魅力を維持することで、低未利用地の連鎖的発生を回避するという予防的観点も含んだものであると考えられている。

Q　今回創設する制度は、所有者不明土地対策に使えるのか。

A　改正法は、地域に存する小さなニーズを掘り起こし、低未利用地の利用につなげようとするものであるが、地権者と利用希望者との合意を前提としており、所有者不明土地に対して直接措置を講じるものではない。

　しかしながら、所有者不明土地の中には、土地が利用されずに長期間にわたり放置されていることが発生の原因となっているものが多数存在すると考えられる。

　改正法による措置を通じて、放置されていた低未利用地が利用されることにより、所有者不明土地の発生防止にも寄与するものと考えられる。

第 1 章　総　論

参考　立地適正化計画について

　都市再生特別措置法等の一部を改正する法律（平成26年法律第39号）により、都市再生特別措置法が改正され、コンパクトな都市構造を進めるため、「立地適正化計画」制度が創設された。

　立地適正化計画については、既に全国の407都市で具体的な取組みが行われており（平成30年３月31日時点）、うち、同年５月１日までに161都市が同計画を作成・公表している。

　国土交通省においては、立地適正化計画を作成・公表する市町村数の目標を、平成32年までに150市町村としていたが、取組みの拡大を受け、平成29年12月に、当該目標を300市町村へと倍増することとされた。

　誘導的な手法で都市の集約を図るという新たな考え方の立地適正化計画に対し、施行から４年が経たないうちに約400の市町村が取組みを進めていることは、一定の成果が上がっているものと考えられる。

　以下では、コンパクト・プラス・ネットワークの在り方や立地適正化計画制度の意義・役割、主な内容について紹介する。

１．コンパクト・プラス・ネットワークの在り方

　コンパクトな都市構造は、それぞれの都市の人口規模、特性に応じて、様々な姿が想定されるが、多くの地方公共団体が共有できる具体像として、多極ネットワーク型のコンパクトな都市構造が重要となる。

　具体的に、多極ネットワーク型のコンパクトな都市構造とは、医

Ⅰ　都市のスポンジ化の背景と概要

療・福祉施設、商業施設や住居など、徒歩等で動ける範囲にまとまって立地する生活拠点が市町村等の単位に複数存在し、各地とこれらの拠点とが公共交通のネットワークで結ばれ、高齢者をはじめとする住民がこれらの施設等に容易にアクセスできることにより、医療や福祉、子育て、商業等の日常生活に必要なサービスを住民が身近に享受できるまちの姿である。

　「多極」という言葉に表れているように、生活サービス等を1つのエリアにまとめるのではなく、市町村の規模やサービスの性格に応じて、複数の中心的なエリアにまとめていこうというものである。すなわち、市町村内の主要な中心部のみでなく、市町村合併の経緯や市街地形成の歴史的背景等も踏まえ、例えば、合併前の旧町村の中心部などの生活拠点も含めて中心的なエリアとすることも考えられる。あわせて、規模の大きな市町村では中心的なエリアを多数とり、小さな市町村では1～2箇所をとるなど、市町村の規模に応じて設定することが重要とされる。

　※　多極ネットワーク型のコンパクトな都市構造が典型的にあてはまるのは、人口数万人以上の地方都市だが、東京等の大都市であっても、その中心以外では概ね該当すると考えられる。また、都市計画区域でない区域を含む小規模な都市においても、複数の拠点をネットワークで結ぶ考え方は重要であると考えられる。

　また、コンパクトな都市構造の形成にあたっては、市町村内の拠点への集中が進みその他の地域の生活が不便になる、住み慣れた住宅を移転させられ、高齢者への負担が大きくなるなどの懸念も生じ得る。このため、その実施にあたっては、

1）生活サービスについて、全てを中心部のみに集約しようとするのではなく、合併前の旧町村の中心部や主要なバス停周辺などの

生活拠点にも誘導していくこと
２）公共交通の充実を図り、生活サービスまでのアクセスをよくすること
３）全ての住宅を強制的に集約するのではなく、ライフサイクルを踏まえ、時間をかけて誘導すること

など、きめ細かな取組みが必要となる。さらに、市町村の外延部等において、農産物直売所や市民農園の整備、農業の高付加価値化などの農業振興や観光振興の施策を検討するなど、地域全体に目配りした施策を行うことも重要とされている。

２．立地適正化計画制度の意義・役割

① 都市全体を見渡す都市機能の包括的プラン

　立地適正化計画制度の意義・役割としては、第１に、都市全体を見渡して、様々な都市機能の立地の全体像を持てることである。都市計画はもともと都市の健全な発展と秩序ある整備のため、都市の全体的な土地利用や施設の配置を見渡す総合性を特徴としているが、人口減少社会においては、全てのエリアを視野に、居住、商業、医療・福祉、教育、行政、公共交通等の立地の全体像を作ることが特に重要である。人口増により全体のパイが大きくなる時は、多少バラバラで考えても旺盛な需要に支えられてやりくりがついたかもしれないが、逆に全体のパイが小さくなる時代には、商業や公共交通、あるいは医療・福祉も、一定の利用者、すなわち一定の人口密度がなければ、持続が難しくなるという課題が避けられない。全体像を構想する際には、人口の急激な減少と高齢化を勘案すれば、高齢者にとっても子育て世代にとっても安心できる健康で快適な生活環境を実現するとともに、将来における人口の見通しとそれを踏まえた財政の見通しを十分考慮することが重要である。

また、福祉・医療等は最も重要な都市機能の1つであることから、市町村の内部においても、都市部局だけではなく、医療・福祉等を担当する他部局とも十分な連携や共同での検討作業を行っていくことが必要である。その他にも、公共交通、産業、農業、観光等を担当する部局とも十分な連携や共同での検討作業が必要なことは言うまでもない。

都市全体を見渡す観点から、立地適正化計画は、都市計画区域全体を対象として作成するが、1つの市町村内に複数の都市計画区域がある場合にその全てを対象に立地適正化計画を作成すること、土地利用の状況や日常生活圏等を勘案して都市計画区域内の一部のみで立地適正化計画を作成すること、住民への説明状況等に応じて段階的に計画区域を設定することも可能となっている。

さらに、地域の実情に応じて、都市計画区域外との関係も含めて、立地適正化計画に記載することも考えられる。例えば、都市機能誘導区域内の一定の商業機能や医療機能について、都市計画区域外の住民も利用しやすいよう計画する、都市と農村の交流のように、居住誘導区域内等の住民が都市計画区域外の農業施設等を利用しやすいよう計画する、あるいは、その他の農業施策や観光施策等との連携を記載することなどが考えられる。

② **都市計画と民間施設誘導との融合**

これまで、人口の増加や集中、それらに伴う開発圧力に対しては、都市計画を活用し、道路・下水道等の都市施設を行政自らが計画・整備するとともに、建築行為の発生時に望ましくない用途の建築を規制する形で、民間の開発圧力をいわば受動的にコントロールすることにより、まちづくりが進められてきた。都市インフラの整備が一通り進んだことにより、都市の構造再編、機能の維持強化という視点で見ると、都市の基本的な構成要素である住宅、医療・福

祉、商業といった主に民間の施設の立地をどのように誘導するかに焦点が移っている。

　これらの立地が目指すべき将来像に向けて再編されていくようにするためには、従来の受動的で強力な開発コントロールだけでは必ずしも効果的ではなく、計画に示された都市の全体像の下での緩やかな開発コントロール機能と民間施設等に対する補助金、金融支援、税制優遇等の経済的インセンティブによる能動的な働きかけを有機的に組み合わせた制度が必要になると考えられる。別の言い方をすれば、民間施設の整備等のための助成等のインセンティブについては、民間事業者が投資しやすいよう、都市の全体像が描かれた計画に沿った事前明示性のある仕組みとし、そのインセンティブに沿って、民間の事業者や住民が投資等を行っていくと、目指しているまちの姿に徐々に自然と近づいていくというプログラム的手法が重要となる。

　このように、都市の機能の維持強化、コンパクト化を目指そうとする場合には、民間施設の立地に対して能動的に働きかける誘導的手法が必要となる。こうした考え方から、拡大した都市の構造を積極的に再編するための民間へのインセンティブと民間施設への緩やかなコントロール手法を組み合わせた誘導的な計画制度として、居住誘導区域、都市機能誘導区域等からなる立地適正化計画制度が導入された。

　あわせて、都市の拠点に立地を誘導しようとする施設への助成、金融支援、税制支援等の方策が整えられた。人口が減少に転じ民間の投資マインドが弱くなる中では、財政・金融・税制等の経済的インセンティブを講じて投資意欲を支えることにより、活発な投資活動を引き出すことが必要となる。今日では、公共性・公益性の考え方は大きく変化しており、民間が整備・運営する施設でも公共性・

公益性が高いものについては、国においても助成できる制度が用意されている。

③ 市町村の主体性と合意形成、広域調整

政策のメリット・デメリットについて総合的な判断ができるようにするためには、各種の責任や権限の主体が分散しないことが重要である。まちづくりについて考えれば、住民に最も身近な市町村に中核的な担い手としてできる限り責任と権限がまとまることが重要であり、こうしたことから、立地適正化計画についても、市町村が作成することとされている。

市町村が主体的に政策実施に取り組むためには、その分野に精通した人材が何より重要である。このため、国土交通省においては、市町村の人材育成の取組みが行われているところであり、あわせて、都市計画のプロとして、市町村から依頼されて計画づくりをする実務専門家の育成等も急務であり、都市計画の実務専門家やコンサルティング企業の育成等に取り組むことも重要である。

また、立地適正化計画を作成する過程では、市町村内での一極集中が進み、その他の地域の生活が不便になる、住み慣れた住宅を移転させられ、高齢者への負担が大きくなるなどの懸念の声も生じかねないことから、住民や事業者等との合意形成も重要となる。特に、居住誘導区域又は都市機能誘導区域外においては、住民の合意形成プロセスが重要となる。このため、立地適正化計画の作成にあたっては、公聴会の開催など住民の意見を反映させるための措置を講じることが法定されているとともに、多様な関係者との合意形成を図るという観点から、市町村都市再生協議会なども活用できることとされている。

さらに、立地適正化計画の内容の実現のためには、周辺の市町村との協調・連携も重要な要素とされる。市町村域を越えて広域の生

第1章 総 論

活圏や経済圏が形成されている場合等には、複数の市町村が連携して立地適正化計画を作成することも重要であり、その際、地方中枢拠点都市とその周辺自治体との間や、鉄道等の公共交通の沿線の自治体間で、図書館等の生活サービスの提供に関する協力・役割分担や公共交通の充実等について連携することが考えられる。一方で、隣接市町村等の影響を相互に受けることもあることから、都道府県は、コンパクト化に取り組む市町村がその目的を達成できるよう、都道府県マスタープランの変更等も含めて、広域的な観点から調整を図ることが重要である。

④ 時間軸のあるアクション・プラン

都市のコンパクト化は、一人ひとりの住民の暮らしの場を変えていく影響の大きい政策であること、そして、市街地の拡大・希薄化も数十年の歳月を経て進んできたことから、これと同程度、あるいはそれ以上の期間にわたる相当息の長い取組みが必要である。それゆえに、固定的な目標や計画を1回きりで作り、その実現を強制力も背景に徹底していくといったような政策手法はなじまない。

長期的で大まかな方針、中短期的で具体的な計画など段階的なプロセスがわかる、必ずしも強い法的拘束力を持たない計画を示し、数年ごとに人口動態、市場動向、住民の意見などに照らして計画の調整を行いつつ、地域社会に定着した部分については、法的拘束力を持って固定化されるといったような、柔軟な多段階の政策が必要である。

立地適正化計画制度は、このような観点から設けられた制度であり、おおむね10年後、あるいは、20年後の都市の姿を展望して、居住誘導区域、都市機能誘導区域を設定する制度である。描かれたエリアの内外で、法的拘束力が強く働くことはないが、民間投資等のメリハリがつくように公的な支援や投資が進められる制度設定に

なっており、中長期の期間の経過後には、都市機能誘導区域に都市機能がまとまり、居住誘導区域に主要な居住機能がまとまることになると考えられている。

このように、立地適正化計画は中長期的な、実態に応じた弾力的な取組みが重要であるため、計画作成後もその効果や実効性を不断に検証し、見直しを行うことが重要である。具体的には、市町村は、おおむね5年ごとに計画に記載された施策・事業の実施状況について調査、分析及び評価を行い、立地適正化計画の進捗状況や妥当性等を精査、検討するよう努めることとされている（都市再生特別措置法第84条第1項）。

土地利用制限、都市施設等の都市計画は、財産権の保障の観点から安定性にも配慮しなければならず、立地適正化計画はこのような都市計画制度と役割分担をして、現に定められている都市計画を将来に向けて変えていくための働きかけ、アクション・プランとしての役割を果たすための制度でもある。別の言い方をすれば、暫定性を有する緩やかなコントロールで土地利用の実態を先行的に遷移させ、実態がある程度進んだ段階で土地利用制限を確定させるなど、土地利用の既存不適格等の課題を生じさせずに、都市計画を変えていく機能を有している。

こうしたことから、例えば、用途地域の一部に居住誘導区域を設定した後、居住の誘導がある程度進んだ段階で、居住誘導区域外を市街化調整区域に編入する、工業専用地域に用途変更するなど、誘導の達成状況に応じて用途地域等の都市計画を見直すなど、フィードバック型の運用を図ることも重要となる。

3．立地適正化計画の対象区域と各誘導区域等の関係

都市全体を見渡す観点から、立地適正化計画は、都市計画区域全

体を対象として作成するが、1つの市町村内に複数の都市計画区域がある場合にその全てを対象に立地適正化計画を作成すること、土地利用の状況や日常生活圏等を勘案して都市計画区域内の一部のみで立地適正化計画を作成すること、住民への説明状況等に応じて段階的に計画区域を設定したりすることもできることとされている。

立地適正化計画制度においては、全体的な機能の立地計画としての性格を担保するため、居住誘導区域、都市機能誘導区域等の具体的、即地的な区域の仕組みを用意している。立地適正化計画を作成するには、都市の中心部からみて、順に、都市機能誘導区域、居住誘導区域、居住誘導区域外の区域の3つのエリアが設定されることとなる。

加えて、地域の実情に応じて、都市計画区域外との関係も含めて、立地適正化計画に記載することも考えられ、例えば、都市機能誘導区域内の一定の商業機能や医療機能について、都市計画区域外の住民も利用する計画とする、都市と農村の交流のように、居住誘導区域内の住民が都市計画区域外の農業施設等を利用する計画とすることなどが考えられる。

① **居住誘導区域**

居住誘導区域は、人口減少の中にあっても一定のエリアにおいて人口密度を維持することにより、生活サービスやコミュニティが持続的に確保されるよう、居住を誘導しようとする区域であり、市街化区域内、あるいは、非線引き都市計画区域に設けられる。立地適正化計画に、居住誘導区域を設定することにより、必然的に、立地適正化計画の対象区域（多くの場合、都市計画区域そのもの）が居住誘導区域と居住誘導区域以外の区域に分かれることとなる。

② **都市機能誘導区域**

都市機能誘導区域は、医療・福祉・子育て支援・商業等の都市機

能を誘導しようとする区域であり、居住誘導区域における日常生活サービスは、都市機能誘導区域における都市機能と公共交通等によりスムーズに提供されることになる。このため、原則として、都市機能誘導区域は、居住誘導区域内に定められることとなる。

また、都市機能誘導区域内において駐車場の適切な配置を行い、歩行者の移動を安全でスムーズにするとともに、都市機能の誘導をより効果的にするために、都市機能誘導区域内に駐車場配置適正化区域を設定することができることとされている。

③ 居住誘導区域外の区域

居住誘導区域外の区域においては、産業系、農業・自然系の利用を進める、家庭菜園付の敷地の大きな住宅としていくなどが考えられる。その際、居住機能や都市機能が移転した結果、住宅の跡地となるところの荒廃等が懸念される場合には、跡地等管理区域を設定することができ、また、産業的な土地利用は進めるものの、住宅は抑制しようとする場合には、都市計画に居住調整地域を設定することができることとされている。

4．居住誘導区域

居住誘導区域は、その名のとおり、まとまった住宅エリアを形成するために、居住を誘導する区域である。徒歩や自転車、公共交通等のアクセス手段で、都市機能誘導区域内にある商業や医療・福祉などの日常生活サービスを利用しやすくすることを通じ、居住を誘導しようとするものである。

非線引き都市計画区域においては原則として3,000㎡以上、線引き都市計画区域においては市街化区域で、原則として1,000㎡以上の規模の開発行為について開発許可の対象となっているものの、審査されるのは技術基準への適合のみであり、立地基準への適合性は

審査されないので、住宅の更なる郊外化を防ぐことも、コンパクトに誘導することも極めて難しくなっている。このような場合に、居住誘導区域は、以下の方法により、緩やかに居住を誘導しようとするものである。

1）居住誘導区域外で一定規模以上の住宅開発を行う場合等において市町村長への届出が義務づけられ、市町村が届出者に居住誘導区域内での支援措置を紹介したり、区域内の土地をあっせんしたりすること
2）居住誘導区域のコアとなる都市機能誘導区域での都市機能の強化によって、居住誘導区域の生活の利便性を向上すること
3）住宅事業者による都市計画・景観計画の提案制度を活用して、事業者の創意工夫を活かした良好な環境の形成を図ること
4）居住誘導区域外の公営住宅を区域内に建て替える際の除却費の国費助成対象化等により、区域内の公共住宅の立地を推進すること
5）区域内における緑化・景観形成や公共交通施設等の整備支援を強化し、居住環境を向上すること
6）市町村の独自施策として、居住誘導区域内の住宅立地等を支援すること

等により誘導を図ろうとするものである。

　居住誘導区域は、このような性格から、日常生活の拠点となる都市機能誘導区域の周辺のエリアや公共交通網が整備されているエリアなどに定められることが望ましい。また、居住誘導区域を定める際には、市町村の人口見通し、財政見通し、公共公益施設等の維持・運営の合理化等を勘案する必要があり、今後、人口減少が見込まれる市町村においては、原則として、既成の市街地等の中で居住誘導区域を設定する必要があると考えられる。なお、人口見通し

は、立地適正化計画の内容に極めて大きな影響を及ぼすものであり、客観性が最も重要なことから、国立社会保障・人口問題研究所が公表をしている将来推計人口の値を用いることが重要とされている。

　また、居住の誘導措置の1つとして、従来からの住民等による提案に加え、住宅事業者の創意工夫で、より魅力的な住宅地となり居住が進むよう、住宅事業者が土地を取得する前にも都市計画や景観計画の提案ができることとされている。

　提案内容については、都市計画の提案として、住宅等の立地に伴い必要となる用途地域、市街地再開発事業、地区計画等に関する提案が想定される。また、景観計画の内容として、建築物の外壁や屋根の色彩の統一、建築物の道路からのセットバック、生垣等による緑化等が想定される。

5．誘導施設と都市機能誘導区域

(誘導施設)

　都市機能誘導区域は、誘導しようとするエリア、生活サービス施設（誘導施設）、市町村等による誘導施設への支援措置を事前に明示することにより、誘導を図る仕組みであり、都市計画法に基づく市町村マスタープランや土地利用規制等とは異なる仕組みである。誘導施設として、ある程度広いエリア内で具体の場所は問わずに誘導したいと考える施設を定めることができるが、具体的な整備計画のある施設を定めることもできることとされている。誘導施設は、居住者の共同の福祉や利便の向上を図る施設であり、具体的には、

1）高齢化の中で必要性の高まる老人デイサービスセンター、地域包括支援センター等の社会福祉施設や病院・診療所等の医療施設
2）子育て世代にとって居住場所を決める際の重要な要素となる幼

稚園や保育所等の子育て支援施設、小学校等の教育施設
3）集客力があり、まちの賑わいを生み出す図書館・博物館等の文化施設や、スーパーマーケット等の商業施設
4）行政サービスの窓口機能を有する市役所支所等の行政施設
などである。

　誘導施設については、後述のように、都市機能誘導区域外において届出が必要となるため、届出対象か否かを明確にするため、立地適正化計画において誘導施設を定める場合には、例えば、「病室の床面積の合計が○○㎡以上の病院」等のように、対象となる施設の詳細（規模、種類等）についても定める必要がある。

　また、誘導施設には、税制優遇や、民間都市開発推進機構による金融上の支援、民間事業者による誘導施設の整備に対する国費支援、容積率等の特例措置などの支援が措置されおり、加えて地方公共団体が、独自に、誘導施設の運営助成等の支援を企画することが重要とされる。

Ⅰ　都市のスポンジ化の背景と概要

（都市機能誘導区域）

　先述のとおり、非線引き都市計画区域においては原則として3,000㎡以上、線引き都市計画区域においては市街化区域で、原則として1,000㎡以上の規模の開発行為について開発許可の対象となっているものの、審査されるのは技術基準への適合のみであり、立地基準への適合性は審査されないので、誘導しようとする福祉・医療施設等の更なる郊外化を防ぐことも、コンパクトに誘導することも極めて難しくなっている。都市機能誘導区域は、以下の方法により、緩やかに都市機能を誘導しようとするものである。

1　区域外で誘導しようとする施設の開発を行う場合等において市町村長への届出が義務付けられ、市町村が届出者に区域内での支援措置を紹介したり、区域内の土地をあっせんしたりすること
2　誘導施設について国による財政上、金融上、税制上の支援措置を設けること
3　誘導しようとする施設について容積率等の特例を設けること
4　土地区画整理事業等の都市基盤整備を円滑化し、誘導しようとする施設の立地条件を改善すること
5　市町村の独自施策として、都市機能誘導区域内の誘導施設の立地等を支援すること

　都市機能誘導区域の具体のエリアについては、周辺からのバス、鉄道など公共交通によるアクセスの利便性が高く、既存の商業、行政サービス等のまとまりがあるエリアで、徒歩や自転車等によりエリア内を容易に移動できる程度の広さで定めることが基本とされる。「多極」が重要なコンセプトであり、市町村内の主要な中心部のみでなく、市町村合併の経緯や市街地形成の歴史的背景等も踏まえ、例えば合併前の旧町村の中心部などの生活拠点も含めて、複数の都市機能誘導区域を設けることが重要である。

また、都市機能誘導区域そのものが居住誘導区域への居住の誘導策の1つであること、人口密度の維持による都市機能の持続性を図るものであることに鑑みて、原則として都市機能誘導区域は、居住誘導区域の中に定められることとなる。

（誘導施設の届出・勧告）

誘導施設の「誘導」を担保するために、立地適正化計画の区域内（通常は、都市計画区域そのもの）であって都市機能誘導区域外においては、誘導施設を有する建築物の建築を目的とする開発行為（すなわち、造成等の土地の区画形質の変更）を行おうとする場合だけでなく、誘導施設を有する建築物を新築しようとする場合、建築物を改築し、又は建築物の用途を変更して当該誘導施設を有する建築物とする場合、市町村長への届出が義務付けられている（都市再生特別措置法第108条第1項）。なお、市町村は条例を定めて、例えば同一の土地での建替え等の一定の行為について届出対象外とすることもできるとされている（同項第4号）。

届出は、市町村が都市機能誘導区域外における誘導施設の整備の動きを把握し、誘導の機会を確保するために設けられており、開発行為等に着手する30日前までに行うこととされている。さらには、事業者等が届出制の存在を知ることにより、誘導措置等を認知する機会が広がり、届出に至る前に自らの判断で都市機能誘導区域内に立地しようとする動きが期待される。届出を受けた市町村は、まず、届出者に税財政、金融上の支援等の情報提供等を行うことが考えられ、次に、届出内容どおりの開発行為等が行われると、何らかの支障が生じると判断した場合には、規模を縮小するよう、あるいは、都市機能誘導区域内の公有地や未利用地において行うよう、さらには、開発行為自体を中止するよう調整等を行うことが考えられる。このような調整が不調に終わった場合には、届出者に開発規

模の縮小や都市機能誘導区域内への立地等を勧告し、さらに必要があるときは都市機能誘導区域内の公有地の提供や当該区域内の土地の取得についてあっせん等を行うことが考えられる。

　なお、勧告を行うか否かについては、市町村が判断することとなるが、制度趣旨に鑑みて、規模等が誘導施設の定義に明確に該当するが、規模等に比べて機能が小さい場合などを除いて、上述の情報提供や調整を行った後、勧告を行うことが基本になると考えられる。例えば、都市機能誘導区域外で誘導施設（定められた一定規模以上の福祉・医療施設、商業施設等）が立地することによって、都市機能誘導区域内への誘導に支障をきたす場合には、勧告を行うべきものと考えられる。

（開発許可との連携）

　立地適正化計画関係部局と開発許可部局は、場合によっては、市町村と都道府県に担当部局が分かれるが、立地適正化計画関係部局と開発許可部局の連携は不可欠である。届出と開発許可の双方が必要となる場合には、特に市街化調整区域においては、届出担当部局は、開発許可担当部局とあらかじめ両部局でどのような対応をとるかを決めておくことが望まれる。

　また、市街化区域、非線引き都市計画区域において、都市機能誘導区域を定めた趣旨が反映されるよう開発許可制度を運用することが望ましいと考えられ、例えば、技術基準の強化を検討すること、公共施設の適切な管理等を図るため、開発許可にあたって開発行為を行おうとする者と公共施設の設置・管理に関する協定の締結を求めることなどが考えられる。

　さらに、市街化調整区域において、立地適正化計画を尊重するため、居住誘導区域外の届出に対する勧告基準を踏まえ、立地基準の運用を強化することも考えられる。

（特定用途誘導地区）

　特定用途誘導地区は、誘導施設への支援措置の１つである容積率等の特例措置を担保する制度であり、誘導すべき用途に限定して容積率や用途規制の緩和を行う一方、それ以外については従前通りの規制を適用することにより、誘導施設を有する建築物の建築を誘導することを目的とするものである。用途地域やそれを補完する特別用途地区、地区計画等は、建築物等の用途に応じて、単に建築を禁止又は許容するものだが、人口減少社会において、活発な建築活動も見込みにくくなる中で、用途地域等により、建築物の用途に応じて建築を禁止するだけでなく、民間の建築投資を必要な場所に誘導することが重要であることから、特定用途誘導地区の活用が望まれる。

　また、特定用途誘導地区は、新築・建替え等の個別具体の誘導施設の構想がない段階で、その地区にある施設を誘導したいという趣旨を事前明示するために設定することを想定しているが、個別具体の構想が決まってから地区を設定することもでき、構想が決まってからの例としては、老朽化した医療施設や福祉施設の建替え、増築の際に活用することが考えられる。

6．居住誘導区域外の区域

　立地適正化計画の区域内であって居住誘導区域外の区域については、

１−１）　３戸以上の住宅の建築目的の開発行為を行おうとする場合（すなわち、造成等の土地の区画形質の変更を行うもの）

１−２）　土地の区画形質の変更は行わないが、３戸以上の住宅を新築しようとする場合、建築物を改築・用途変更して住宅等とする場合

2）1戸又は2戸の住宅の建築目的の1,000㎡以上の開発行為を行
　おうとする場合
3—1）住宅以外で人の居住の用に供する建築物として条例で定め
　　　たものの建築目的の開発行為を行おうとする場合
3—2）住宅以外で人の居住の用に供する建築物として条例で定め
　　　たものを新築しようとする場合、建築物を改築・用途変更し
　　　て住宅等とする場合
には、市町村長への届出が義務付けられている。

　「住宅」の定義については、建築基準法における住宅の取扱いを参考とすることが想定されており、また、条例で定める人の居住の用に供する建築物としては、寄宿舎や有料老人ホーム等を地域の必要性に応じ、条例で定めることが想定されている。なお、市町村は、条例を定めることによって、例えば同一の土地での建替え等の一定の行為について届出対象外とすることもできることとされている（都市再生特別措置法第88条第1項第4号）。

　届出は、市町村が居住誘導区域外における住宅等の整備の動きを把握し、誘導の機会を確保するために設けられており、開発行為等に着手する30日前までに行うこととされている。事業者等が届出制の存在を知ることにより、誘導措置等を認知する機会が広がり、届出に至る前に自らの判断で誘導区域内に立地しようとする動きが期待される。届出を受けた市町村は、まず、届出者に支援策等の情報提供等を行うことが考えられる。次に、届出内容どおりの開発行為等が行われると支障が生じると判断した場合には、規模を縮小するよう、あるいは、居住誘導区域内の公有地や未利用地において行うよう、さらには、開発行為自体を中止するよう調整等を行うことが考えられる。このような調整が不調に終わった場合には、届出者に開発規模の縮小や居住誘導区域内への立地等を勧告し、さらに必

要があるときは居住誘導区域内の公有地の提供や当該区域内の土地の取得についてあっせん等を行うことが考えられる。なお、勧告を行うか否かについては、市町村が判断することとなるが、制度趣旨に鑑みて、勧告を行うことが基本になると考えられる。特に、居住誘導区域から離れた地域で住宅開発を行おうとする場合など、居住誘導区域への住宅立地の誘導に支障をきたす場合には、勧告を行う必要があると考えられる。

また、制度の運用において、立地適正化計画と開発許可の担当部局の連携が不可欠であることは前述のとおりである。

（居住調整地域）

立地適正化計画の区域内であって居住誘導区域外の区域については、居住調整地域を定めて、住宅地化を抑制することができる。居住調整地域は、人口減少等の社会背景の中で、都市構造を集約化して都市の機能を維持していく必要性が高まっていることを踏まえ、今後、産業施設等としての利用は見込まれるものの、住宅地化を抑制しようとする区域について定める都市計画上の地域地区である。

居住調整地域においては、開発許可にあたって、技術基準とともに立地基準も適用され、3戸以上の住宅の建築目的の開発行為、住宅の建築目的の開発行為であってその規模が1,000㎡以上のもの、寄宿舎や有料老人ホームなど人の居住の用に供する建築物のうち地域の実情に応じて条例で定めたものの建築目的の開発行為等が規制されることとなる。

居住調整地域は、立地適正化計画の区域のうち、区域区分が定められている場合には市街化区域内であり、かつ、居住誘導区域外の区域において、区域区分が定められていない場合には居住誘導区域外の区域において定めることができることとされている。

具体的な区域の設定は、市町村が地域の実情に応じて行うものだ

が、次のような目的に沿って定める場合が想定される。
1. 過去に住宅地化を進めたものの居住の集積が実現せず、空き地等が散在している区域について、今後居住が集積するのを防止し、将来的なインフラ投資を抑制する。
2. 工業系用途地域が定められているものの工場の移転により空地化が進行している区域について、住宅地化されるのを抑制する。
3. 非線引き都市計画区域内で、都市の縁辺部の区域について、住宅開発を抑制し居住誘導区域内など都市の中心部の区域において住宅地化を進める。
4. 区域区分が定められている都市計画区域から流出する形で非線引き都市計画区域において住宅地化が進んでいる場合において、区域区分が定められている都市計画区域に近接・隣接する非線引き都市計画区域における住宅地化を抑制する。

(跡地等管理区域)

　市街地の周辺部等においては、人口減少化の中で、既存の宅地等の荒廃が進んでおり、居住誘導区域の外においてはその対策が特に重要な課題となる。跡地等管理区域は、空き地等が急速に増加している、あるいは、その見込みの高い住宅地において、かつての住宅等の跡地等における雑草の繁茂、樹木の枯損等を防止し、住宅家庭菜園を備えた住宅地の近接に市民農園が整備されるなどの良好な生活環境の確保や美観風致の維持を図ることを目的とするものである。このため、居住誘導区域外の区域全体を1つの区域として設定することを想定したものではなく、既存集落等の特性や跡地等の発生状況等を踏まえ、必要に応じて複数の区域を設定することが適切とされる。

　跡地等管理区域における緩やかなコントロール手法としては、跡地等の所有者と都市再生推進法人等との跡地等管理協定と、市町村

による跡地等管理指針に基づく勧告がある。

（跡地等管理協定と跡地等管理指針）

　跡地等管理協定は、住宅等の跡地等の所有者等が遠方に所在する、高齢であるなど、適正な管理の継続が困難である場合に、当該跡地等の所有者等と都市再生推進法人等との間で協定を結ぶことにより、ＮＰＯ等の第三者による適切な管理を進めるものである。協定を締結するにあたっては、所有者等の合意を、後々苦情が生じないような明確な手続でとることや、落ち葉や砂ぼこりの苦情が生じないなど適切に管理することなどを適正かつ確実に行えるものが締結主体となることが必要となる。都市再生特別措置法第118条により都市再生推進法人等として指定されたＮＰＯ等については、市町村等は業務を適正かつ確実に実施していないと認めるときは、業務の報告や運営の改善を求めることができ、このように、トラブル防止の観点から、協定の締結主体は、都市再生推進法人等に限定されている。市町村等がこのような跡地等管理に対して支援を行うことも重要と考えられる。

　跡地等管理指針は、跡地等を適正に管理する上での留意点や適正な管理の水準等について、区域の現状や予見される問題に応じて、個別に定められるものであり、例えば、病害虫が発生することがないよう適切に除草等を行う旨、樹木の枯損が発生した場合に伐採等を行う旨を記載することが考えられる。市町村は、跡地等管理指針に基づき、不適切な管理を行っている所有者等に勧告を行うことができることとされている。

　立地適正化計画制度におけるその他の制度及び当該計画の作成の方法等については、「コンパクトシティ実現のための都市計画制度—平成26年改正都市再生法・都市計画法の解説—編集：都市計

I 都市のスポンジ化の背景と概要

画法制研究会」や「立地適正化計画作成の手引き 国土交通省都市局都市計画課」等を参考にされたい。

コンパクト・プラス・ネットワークのねらい

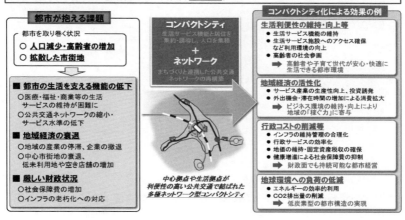

コンパクトシティをめぐる誤解

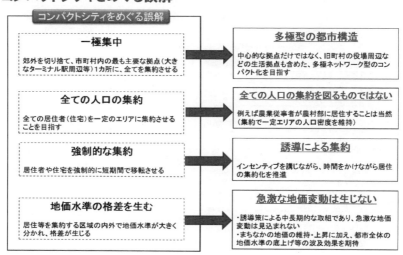

第1章 総論

コンパクト・プラス・ネットワークのための計画制度

○平成26年に改正した都市再生特別措置法及び地域公共交通活性化再生法に基づき、都市全体の構造を見渡しながら、居住機能や医療・福祉・商業等の都市機能の誘導と、それと連携した持続可能な地域公共交通ネットワークの形成を推進。
○必要な機能の誘導・集約に向けた市町村の取組を推進するため、計画の作成・実施を予算措置等で支援。

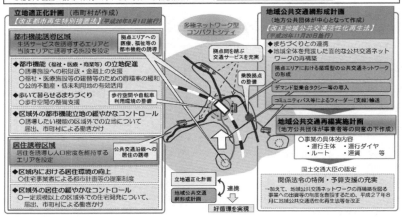

コンパクトシティ形成支援チームによる省庁横断的な支援

○コンパクトシティの推進に当たっては、医療・福祉、地域公共交通、公共施設再編、中心市街地活性化などのまちづくりと密接に関係する様々な施策と連携し、整合性や相乗効果等を考慮しつつ、総合的な取組として進めていくことが重要。
○このため、まちづくりの主体である市町村において施策間連携による効果的な計画が作成されるよう、関係府省庁で構成する「コンパクトシティ形成支援チーム」を通じ、市町村の取組を省庁横断的に支援。

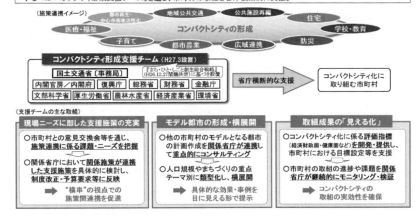

I 都市のスポンジ化の背景と概要

コンパクト・プラス・ネットワークに関連する主な支援措置

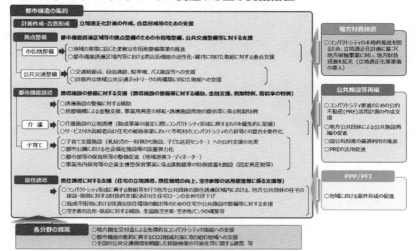

第2章

低未利用地の集約等による利用の促進

改正法においては、低未利用地の集約等による利用の促進を図るため、複数の土地や建物に一括して利用権等を設定する制度が創設されたとともに、まちづくり会社等の都市再生推進法人の業務に、低未利用地の一時保有等に係る業務が追加された。
　また、低未利用地を集約し、商業施設、医療施設等の整備を図るための土地区画整理事業の特例が創設される等された。

Ⅰ　低未利用土地権利設定等促進計画制度の創設‥39
Ⅱ　都市再生推進法人の業務の追加‥‥‥‥‥64
Ⅲ-1　土地区画整理事業の集約換地の特例‥‥67
Ⅲ-2　土地区画整理事業を行う民間事業者に対する資金貸付け制度の創設‥‥‥‥75
Ⅳ　低未利用地の利用と管理のための指針‥‥‥79

Ⅰ 低未利用土地権利設定等促進計画制度の創設

【都市再生特別措置法】

（立地適正化計画）

第81条　（略）

2～7　（略）

<u>8</u>　（新設）※後述

<u>9</u>　<u>第2項第5号に掲げる事項には、居住誘導区域にあっては住宅の、都市機能誘導区域にあっては誘導施設の立地及び立地の誘導を図るための低未利用土地の利用及び管理に関する指針（以下「低未利用土地利用等指針」という。）に関する事項を記載することができる。</u>

<u>10</u>　<u>前項の規定により立地適正化計画に低未利用土地利用等指針に関する事項を記載するときは、併せて、居住誘導区域又は都市機能誘導区域のうち、低未利用土地が相当程度存在する区域で、当該低未利用土地利用等指針に即した住宅又は誘導施設の立地又は立地の誘導を図るための土地（国又は地方公共団体が所有する土地で公共施設の用に供されているもの、農地その他の国土交通省令で定める土地を除く。第5節において同じ。）及び当該土地に存する建物についての権利設定等（地上権、賃借権若しくは使用貸借による権利の設定若しくは移転又は所有権の移転をいう。以下同じ。）を促進する事業（以下「低未利用土地権利設定等促進事業」という。）を行う必要があると認められる区域（以下「低未利用土地権利設定等促進事業区域」という。）並びに当該低未利用土地権利設定等促進事業に関する事項を記載することができる。</u>

11〜19　（略）

（低未利用土地権利設定等促進計画の作成）

第109条の6　市町村は、立地適正化計画に記載された低未利用土地権利設定等促進事業区域内の土地及び当該土地に存する建物を対象として低未利用土地権利設定等促進事業を行おうとするときは、当該低未利用土地権利設定等促進事業に関する計画（以下「低未利用土地権利設定等促進計画」という。）を作成することができる。

2　低未利用土地権利設定等促進計画においては、第1号から第5号までに掲げる事項を記載するものとするとともに、第6号に掲げる事項を記載することができる。

一　権利設定等を受ける者の氏名又は名称及び住所

二　前号に規定する者が権利設定等を受ける土地の所在、地番、地目及び面積又は建物の所在、家屋番号、種類、構造及び床面積

三　第1号に規定する者に前号に規定する土地又は建物について権利設定等を行う者の氏名又は名称及び住所

四　第1号に規定する者が設定又は移転を受ける地上権、賃借権又は使用貸借による権利の種類、内容（土地又は建物の利用目的を含む。）、始期又は移転の時期及び存続期間又は残存期間並びに当該設定又は移転を受ける権利が地上権又は賃借権である場合にあっては地代又は借賃及びその支払の方法

五　第1号に規定する者が移転を受ける所有権の移転の後における土地又は建物の利用目的並びに当該所有権の移転の時期並びに移転の対価及びその支払の方法

六　その他権利設定等に係る法律関係に関する事項として国土交通省令で定める事項

3　低未利用土地権利設定等促進計画は、次に掲げる要件に該当するものでなければならない。

Ⅰ 低未利用土地権利設定等促進計画制度の創設

一 低未利用土地権利設定等促進計画の内容が立地適正化計画に記載された第81条第10項に規定する低未利用土地権利設定等促進事業に関する事項に適合するものであること。

二 低未利用土地権利設定等促進計画において、居住誘導区域にあっては住宅又は住宅の立地の誘導の促進に資する施設等の、都市機能誘導区域にあっては誘導施設又は誘導施設の立地の誘導の促進に資する施設等の整備を図るため行う権利設定等又はこれと併せて行う当該権利設定等を円滑に推進するために必要な権利設定等が記載されていること。

三 前項第2号に規定する土地ごとに、同項第1号に規定する者並びに当該土地について所有権、地上権、質権、賃借権、使用貸借による権利又はその他の使用及び収益を目的とする権利を有する者の全ての同意が得られていること。

四 前項第2号に規定する建物ごとに、同項第1号に規定する者、当該建物について所有権、質権、賃借権、使用貸借による権利又はその他の使用及び収益を目的とする権利を有する者並びに当該建物について先取特権若しくは抵当権の登記、仮登記、買戻しの特約その他権利の消滅に関する事項の定めの登記又は処分の制限の登記に係る権利を有する者の全ての同意が得られていること。

五 前項第2号に規定する土地に定着する物件（同号に規定する建物を除く。）ごとに、当該物件について所有権、質権、賃借権、使用貸借による権利又はその他の使用及び収益を目的とする権利を有する者並びに当該物件について先取特権若しくは抵当権の登記、仮登記、買戻しの特約その他権利の消滅に関する事項の定めの登記又は処分の制限の登記に係る権利を有する者の全ての同意が得られていること。

六 前項第1号に規定する者が、権利設定等が行われた後におい

て、同項第2号に規定する土地又は建物を同項第4号又は第5号に規定する土地又は建物の利用目的に即して適正かつ確実に利用することができると認められること。

（低未利用土地権利設定等促進計画の作成の要請）

第109条の7 立地適正化計画に記載された低未利用土地権利設定等促進事業区域内の土地又は当該土地に存する建物について地上権、賃借権、使用貸借による権利又は所有権を有する者及び当該土地又は建物について権利設定等を受けようとする者は、その全員の合意により、前条第2項各号に掲げる事項を内容とする協定を締結した場合において、同条第3項第3号から第5号までに規定する者の全ての同意を得たときは、国土交通省令で定めるところにより、その協定の目的となっている土地又は建物につき、低未利用土地権利設定等促進計画を作成すべきことを市町村に対し要請することができる。

（低未利用土地権利設定等促進計画の公告）

第109条の8 市町村は、低未利用土地権利設定等促進計画を作成したときは、国土交通省令で定めるところにより、遅滞なく、その旨を公告しなければならない。

（公告の効果）

第109条の9 前条の規定による公告があったときは、その公告があった低未利用土地権利設定等促進計画の定めるところによって地上権、賃借権若しくは使用貸借による権利が設定され、若しくは移転し、又は所有権が移転する。

（登記の特例）

第109条の10 第109条の8の規定による公告があった低未利用土地権利設定等促進計画に係る土地又は建物の登記については、政令で、不動産登記法（平成16年法律第123号）の特例を定めることが

できる。

（勧告）

第109条の11　市町村長は、権利設定等を受けた者が低未利用土地権利設定等促進計画に記載された土地又は建物の利用目的に従って土地又は建物を利用していないと認めるときは、当該権利設定等を受けた者に対し、相当の期限を定めて、当該利用目的に従って土地又は建物を利用すべきことを勧告することができる。

（低未利用土地等に関する情報の利用等）

第109条の12　市町村長は、この節の規定の施行に必要な限度で、その保有する低未利用土地及び低未利用土地に存する建物に関する情報を、その保有に当たって特定された利用の目的以外の目的のために内部で利用することができる。

2　市町村長は、この節の規定の施行のため必要があると認めるときは、関係地方公共団体の長に対して、低未利用土地及び低未利用土地に存する建物に関する情報の提供を求めることができる。

参考

■権利移転等の促進計画に係る不動産登記に関する政令（平成6年政令第258号）（抄）

（趣旨）

第1条　この政令は、特定農山村地域における農林業等の活性化のための基盤整備の促進に関する法律第11条、幹線道路の沿道の整備に関する法律（昭和55年法律第34号）第10条の6、密集市街地における防災街区の整備の促進に関する法律（平成9年法律第49号）第38条、都市再生特別措置法（平成14年法律第22号）第109条の10、農山漁村の活性化のための定住等及び地域間交流の促進に関する法律（平成19年法律第48号）第10条及び農林漁業の健全

な発展と調和のとれた再生可能エネルギー電気の発電の促進に関する法律（平成25年法律第81号）第19条の規定による不動産登記法（平成16年法律第123号）の特例を定めるものとする。

（権利の取得の登記の嘱託）

第2条　別表の上欄に掲げる規定による公告があった同表の中欄に掲げる権利移転等の促進計画に係る<u>不動産</u>について、それぞれ同表の下欄に掲げる規定により、所有権が移転し、又は地上権若しくは賃借権が設定され、若しくは移転した場合において、これらの権利を取得した者の請求があるときは、市町村は、その者のために、それぞれ所有権の移転又は地上権若しくは賃借権の設定若しくは移転の登記を嘱託しなければならない。

（代位による登記の嘱託）

第5条　市町村は、第2条の規定により登記を嘱託する場合において、必要があるときは、次の各号に掲げる登記をそれぞれ当該各号に定める者に代わって嘱託することができる。

一　<u>不動産の表題部の登記事項に関する変更の登記又は更正の登記</u>
　　表題部所有者若しくは所有権の登記名義人又はこれらの相続人その他の一般承継人

二～四　（略）

別表（第2条、第3条関係）

密集市街地における防災街区の整備の促進に関する法律36条	防災街区整備権利移転等促進計画	密集市街地における防災街区の整備の促進に関する法律第37条
<u>都市再生特別措置法第109条の8</u>	低未利用土地権利設定等促進計画	<u>都市再生特別措置法第109条の9</u>

Ⅰ　低未利用土地権利設定等促進計画制度の創設

規則

（国又は地方公共団体が所有する土地で公共施設の用に供されているもの等）

第30条の２　法第81条第10項の国土交通省令で定める土地は、国又は地方公共団体が所有する土地で公共施設の用に供されているもの、農地、採草放牧地及び森林とする。

（立地適正化計画の軽微な変更）

第31条　法第81条第19項の国土交通省令で定める軽微な変更は、同条第２項第４号及び第５号に掲げる事項の変更（第５号に掲げる事項の変更にあっては、法第81条第８項及び第10項に規定する事項に係る変更に限る。）とする。

（権利設定等に係る法律関係に関する事項）

第55条の５　法第109条の６第２項第６号の国土交通省令で定める事項は、同項第１号に規定する者が設定又は移転を受ける土地又は建物に係る賃借権の条件その他土地又は建物の権利設定等に係る法律関係に関する事項（同項第４号及び第５号に掲げる事項を除く。）とする。

（低未利用土地権利設定等促進計画についての要請）

第55条の６　法第109条の７の規定による要請をしようとする者は、低未利用土地権利設定等促進計画要請書に、次に掲げる図書を添付して、これを当該低未利用土地権利設定等促進計画を作成すべき者に提出しなければならない。

一　要請に係る土地又は建物の位置及び区域を表示した図面

二　法第109条の７の協定の写し

三　法第109条の６第３項第３号から第５号までに規定する者の全ての同意を得たことを証する書面

（低未利用土地権利設定等促進計画の決定の公告）

> 第55条の7　法第109条の8の規定による公告は、低未利用土地権利設定等促進計画を作成した旨及び当該低未利用土地権利設定等促進計画を市町村の公報に掲載することその他所定の手段によりするものとする。

＜本条の趣旨＞

　昨今増加している低未利用地の多くは、相続・転居などを契機に具体的な利用目的を持たずに取得され、所有者等において潜在的には売却等の意志を持ちながらも手間に見合うだけの価値が見込めず、そのままにしておいても特に困らないといった消極的な理由で保有されているものである。このような状況下では、所有者側からの土地利用等に向けた積極的な行動は期待できず、当事者間の自発的な土地利用を期待することは難しい。

　低未利用地の利用促進が積極的に図られるべき居住誘導区域又は都市機能誘導区域においては、市町村がこれらの地域内に散発的に発生する低未利用地の利用の意向等を捉えて、その実現に向けて関係者間の利用調整に関与することが求められているところである。

　このため、市町村は、立地適正化計画に低未利用土地利用等指針に関する事項を記載するときは、あわせて、低未利用地が相当程度存在する区域で、当該指針に即した住宅又は誘導施設の立地等を図るための土地及び当該土地に存する建物についての権利設定等を促進する事業を行う必要があると認められる区域及び当該事業に関する事項を記載することができることとされた（都市再生特別措置法（以下「都市再生法」という。）第81条第10項）。

　市町村は、上記区域内の土地及び当該土地に存する建物を対象として、権利設定等を促進する事業を行おうとするときは、低未利用土地権利設定等促進計画を定めることができることとし、当該計画

I 低未利用土地権利設定等促進計画制度の創設

が公告されたときは、当該計画の定めるところによって権利設定等が行われることとされた（都市再生法第109条の6、第109条の8及び第109条の9）。

本計画の活用イメージとしては、どのようなものが考えられるか。

本計画については、以下のような活用が想定される。

【利用権交換型】
　　商店街地区内の民営駐車場と地区外の市営駐輪場との権利を交換（相互に賃貸借契約を締結）し、当該民営駐車場の低未利用地を広場化。
⇒　土地の権利を交換することで、商店街地区の賑わい創出と駐車場の利便性の向上というwin-winを創出。

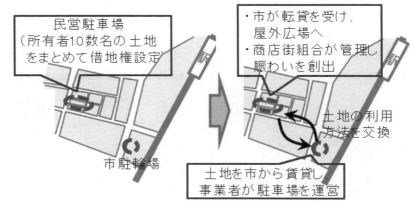

【利用権集約型】
　　複数の地権者が所有する空き家の敷地(A)、空き地(B)、民営駐車場の土地(C、D)に賃借権を一体的に設定。空き家をリノ

ベーションするとともに、敷地一体を交流広場として供用。
⇒ 小さな敷地単位で細分化されていた低未利用地を集約することで、地域の賑わいのための広場空間を創出。

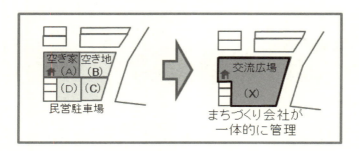

【区画再編型】
　空き家・空き地を活用した小規模連鎖型の区画再編事業。
　空き家①の除却・更地化→隣地居住者による当該土地の取得（駐車場利用）→当該土地と私道の一部を等価交換→私道の改良と市道の拡幅等を順次実施。
⇒ 小規模な区画再編を通じ、空き家・空き地の利活用のほか、市道の拡幅や私道の改良による接道要件の充足が図られ、エリアの居住環境が向上。

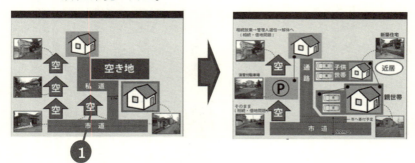

（※出典）：NPOつるおかランド・バンク資料

　また、居住者が、隣接する低未利用地を住宅や駐車スペー

I 低未利用土地権利設定等促進計画制度の創設

ス、家庭菜園などのために利用する隣地取得についても、本計画を活用することができると考えられている。

Q 立地誘導促進施設協定（後述）と本計画を組み合わせて活用することはできるか。

立地誘導促進施設協定と本計画は組み合わせて活用することが可能であり、例えば、散在する空き地を活用して地域で必要な広場を整備・管理する場合を想定すると、

1）本計画により、低未利用地を集約し、その利用に必要な権利を設定する

（土地を手放すことに抵抗を持つ地権者がいる場合には、期間を区切って賃借権等を設定する、あるいは、市が所有する遊休不動産との間で利用権を交換するといった柔軟な計画内容とすることも可能）

2）立地誘導促進施設協定により決められたルールのもとで、集約された土地の地権者と周辺の地権者やまちづくり会社等が協働して、広場の整備・管理を行い、安定的な広場機能の維持と持続的な地域の賑わいの形成につなげる

（その広場でイベントやマルシェを開催し、地区への来訪者の増加を促すとともに、その収益を広場の管理費用に充てることも想定）

といった取組みが考えられる。

両制度を活用することで、取組みの具体化や関係者間の権利調整等にあたって、市によるコーディネート機能を期待できるほか、本計画や立地誘導促進施設協定に基づく不動産の取得や保有等につい

第2章　低未利用地の集約等による利用の促進

て、関連税制の軽減措置が講じられることとなる。

 本計画にはどのような税制措置が講じられているのか。

　本計画では、地権者に対して流通税（登録免許税・不動産取得税）が軽減されることとなる。具体的には、以下のとおりである。

　【登録免許税】
　　計画に基づく土地・建物の取得等について税率を軽減。
　　地上権等の設定登記等（本則1％→0.5％）
　　所有権の移転登記（本則2％→1％）
　【不動産取得税】
　　計画に基づく一定の土地の取得について軽減。
　　計画に基づき、以下の施設の用に供される低未利用地（所有権移転（相続によるものを除く。）及び利用権設定等が10年以上行われていないものに限る。）を取得する場合、課税標準の1／5を軽減。
　　道路、公園、緑地、広場、通路、集会場・休憩施設、案内施設

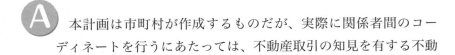

　本計画は市町村が作成するものだが、実際に関係者間のコーディネートを行うにあたっては、不動産取引の知見を有する不動

産関係業者や、地域の実情に明るいまちづくり団体などと連携して取り組むことが重要であると考えられている。本計画に関して、民間団体には、市町村が本計画を作成する際に地権者間のコーディネートを支援する、権利が集約された土地を活用して、広場の整備・管理、賑わい創出業務などを行うといった局面における役割の発揮が期待される。

このため、改正法では、都市再生推進法人の業務に低未利用地の一時保有等に係る業務の追加、都市計画協力団体制度の導入といった民間団体との連携促進のための措置が講じられているところであり、このうち、都市再生推進法人に対する低未利用地譲渡に係る所得については、税制措置が講じられている（P65参照）。

Q 都市再生法第81条第10項において、低未利用土地利用等指針（後述）に関する事項が立地適正化計画に記載された場合に、低未利用土地権利設定等促進事業区域等を記載することができることとされた理由は何か。

A 行政による利用権の設定等の促進を通じた一定の土地利用の実現を図る制度を創設する場合には、一般に、以下の2点が必要であると考えられている。

- 一定の内容を実現するための整備を促進すべき位置付けが与えられていること
- 地区の特性として土地利用の円滑な転換が見込まれず、現時点での権利関係を前提としては一定の内容を実現するための整備を地権者が実現する可能性が低いため、その実現可能性を高める必要があること

低未利用地は、当事者において積極的な発意・行動が期待できないものであること等の理由から市場が有効に機能せず、現時点での権利関係を前提としてはその有効かつ適切な利用の促進が図られる可能性が低い。

その中で、低未利用土地利用等指針は、住宅や誘導施設の立地及び立地の誘導を図るための低未利用地の利用及び管理に関する指針であり、住宅や誘導施設の整備など、一定の内容を実現するための整備を促進すべき位置付けとなるものとされていることから、当該指針の存在を前提として、低未利用土地権利設定等促進事業区域等を定めることができることとされた。

Q 都市再生法第81条第10項の「低未利用土地が相当程度存在する区域」とは、どのように判定されるのか。

A 「低未利用土地が相当程度存在する区域」は、低未利用地の規模、分布、当該区域に占める割合等を勘案して、立地適正化計画の作成主体である市町村において個別に判定されるものであるとされている。

中核都市の中心市街地全域にわたって低未利用地が広がり、その比率が件数ベースで3割近くに達している状況にある場合などには、中心市街地の全域にわたって区域を指定することも可能であると考えられる。

Ⅰ　低未利用土地権利設定等促進計画制度の創設

都市再生法第81条第10項において、本計画の対象となる土地から、公共施設の用に供されている土地並びに農地、採草放牧地及び森林を除外する理由は何か。

【公共施設の用に供されている土地】
　国又は地方公共団体が所有する土地で公共施設の用に供されている土地は、現状において公共的な機能を有し、将来にわたって公共施設の用に供することが確実であることから、当該土地の計画的な利用が図られており本計画の対象とすることが想定されない。

　仮に、その必要が生じたときは、まずは公共施設の用に供することを廃止してから、本計画の対象として権利設定等を行うべきものであるとされている。

【農地、採草牧草地及び森林】
　居住誘導区域又は都市機能誘導区域においては、森林や採草牧草地の存在は想定できないこと、農地についてはその存在が想定されるが、市街化区域内農地は転用許可が不要であり、通常の売買行為等においては、転用してから売買することが通常であることから、権利設定等の時点で農地が存在することも通常は想定されない。

　このため、公共施設の用に供する土地並びに農地、採草放牧地及び森林は、本計画の対象から除外することとされた。

第2章 低未利用地の集約等による利用の促進

Q どのような土地・建物の利用のための権利設定等が本計画の対象となるか。

A 都市再生法第109条の6第3項において、低未利用土地権利設定等促進計画には、「居住誘導区域にあっては住宅又は住宅の立地の誘導の促進に資する施設等の、都市機能誘導区域にあっては誘導施設又は誘導施設の立地の誘導の促進に資する施設等の整備を図るため行う権利設定等又はこれと併せて行う当該権利設定等を円滑に推進するために必要な権利設定等」が記載されていることが必要となるため、これらの権利設定等が本計画の対象とされている。

Q 低未利用土地権利設定等促進事業区域内の土地に限らず、当該土地に存する建物をも本計画の対象としている理由は何か。

A 本計画は、低未利用地を利用する意思のある者に対する必要な権利設定等の促進を図るものであるが、低未利用地の利用にあたっては、更地を取得してその上に新たな建物を整備して利用する場合のほか、既存の建物を取得し、必要に応じて改修等を行った上で、交流施設等として利用する場合なども想定される。もとより低未利用地は、その利用を通じて高い収益が見込まれるものではなく、その利用に向けては、既存の建物を有効活用してできる限り費用を抑えながら事業を行うことが重要である。

このため、本計画では、低未利用土地権利設定等促進事業区域内の土地に限らず、当該土地に存する建物も、その対象とするこ

こととされた。

Q 本計画では、計画に記載することができる権利から、「一時使用のための権利」を除外していない理由は何か。

　類似制度である密集市街地における防災街区の整備の促進に関する法律（平成9年法律第49号）における防災街区整備権利移転等促進計画では、計画の対象とする権利から、「一時使用のため設定されたことが明らかなものを除く。」とされている。これは、同計画が地区防災施設の整備等を促進することを目的としており、このような土地の利用方法が永続的になされることによってはじめて、同法の目的である防災機能の確保等を達成することができると考えられているためである。

　これに対し、本計画は、低未利用地を利用する意思のある者に対する必要な権利設定等の促進を図り、これにより低未利用地の利用を進めようとするものであるが、この目的を達成するためには、永続的な土地利用に限ることなく、むしろ土地所有者等の意向やその時々の需要に応じた一時的な利用も含めて、その対象とすることが必要である。

　このため、本計画では、計画に記載することができる権利から、「一時使用のための権利」を除外しないこととされた。

第2章　低未利用地の集約等による利用の促進

 都市再生法第109条の6第1項において、本計画の作成主体を市町村とした理由は何か。

 本計画の作成主体が市町村とされたのは、本計画が低未利用土地利用等指針の実現手法として位置付けられていることから、当該指針を定める市町村が本計画についても作成することとされたものである。また、本計画を作成するにあたっては、関係権利者の同意を得ることが要件とされるなど、制度の運用にあたり地域の実情を熟知していることが必要であるとの観点からも、市町村が定めることが適当である。

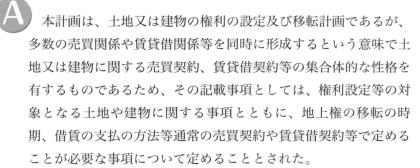

本計画は、土地又は建物の権利の設定及び移転計画であるが、多数の売買関係や賃貸借関係等を同時に形成するという意味で土地又は建物に関する売買契約、賃貸借契約等の集合体的な性格を有するものであるため、その記載事項としては、権利設定等の対象となる土地や建物に関する事項とともに、地上権の移転の時期、借賃の支払の方法等通常の売買契約や賃貸借契約等で定めることが必要な事項について定めることとされた。

また、低未利用土地利用等指針の目的である、住宅や誘導施設の整備等を確実に実施するため、権利設定等が行われた後の土地又は建物の利用目的を定めることとされた。

I 低未利用土地権利設定等促進計画制度の創設

Q 都市再生法第109条の6第3項第2号の「これと併せて行う当該権利設定等を円滑に推進するために必要な権利設定等」とは何か。

A 都市再生法第109条の6第3項第2号の「これと併せて行う当該権利設定等を円滑に推進するために必要な権利設定等」は、商業施設、医療施設などの誘導施設等を整備する場合に、当該施設用地を提供した者に対し、その代替地の権利の取得をさせる場合等である。

Q 都市再生法第109条の6第3項第3号から第5号までに規定されている同意を得る者の範囲の考え方は何か。

A 本計画においては、従前の建物等の物件を除去して新たな建物等を建築し、又は広場等のオープンスペースとして整備する等の土地利用転換が想定されているが、従前の建物等を除去することは先取特権や抵当権等の担保権の対象がなくなることから、担保権を設定している者に著しい影響を及ぼす可能性があるところである。このため、本計画を作成する際に、これらの担保権者も含めた権利者の同意を得ることが要件とされたものである。

また、土地については、本計画によって権利設定等がされても、担保権が滅失することはないため、土地の担保権を設定している者に対して同意を得ることは必要ないこととし、所有権等を有する者の同意を得れば足りることとされた。

第2章　低未利用地の集約等による利用の促進

 都市再生法第109条の6第3項第6号の「適正かつ確実に利用することができると認められること」とは何か。

 都市再生法第109条の6第3項第6号の「適正かつ確実に利用することができると認められること」は、具体的には、権利設定等を受けた者自身が計画に定められた土地又は建物の利用目的を実現することができるかどうか、本計画に定められた住宅や誘導施設の整備等を行う意欲や資力を有するかどうか等の点について、市町村が判断することとなる。

　このため、例えば、本計画により誘導施設を整備する目的で土地又は建物を取得した者が、誘導施設を整備せずに地方公共団体に土地又は建物を売却する可能性があるような場合には、この要件に該当しないこととなる。

 都市再生法第109条の7において、本計画の作成の要請に係る規定を措置した理由は何か。

 本計画は、市町村が定める計画であるが、その作成にあたっては、関係権利者の同意が必要であるなど、関係者の意向を把握することが必要である。このため、本計画を作成する市町村が、地権者間で行われる土地に関する権利設定等の状況を把握しやすくするとともに、地権者間の適切な権利設定等を促進するため、要請制度を設けることとされた。

　この要請は、本計画の内容等に対して直接的効果を持つものではないが、要請を受けた市町村は当然に自らの判断を加えて本計

I　低未利用土地権利設定等促進計画制度の創設

画を作成すべく努めることが期待されるものである。

　このような効果を有する以上、要請を行うにあたっては、本計画の作成の前提となる地権者の熟度が高まっている必要があり、少なくとも、
1）権利設定等を行うことについて一定の合意が存在していることが客観的に明らかであること
2）本計画に記載された内容に従って、権利設定等を行うことが確実に実現することを担保すること
が必要である。このため、要請については、本計画に定めるべき事項を内容とする協定が、関係権利者の同意を得て締結されていることが要件とされた。

本計画及びその公告の法的性格はどのように考えられるのか。

　本計画は、その内容（通常売買契約や賃貸借契約書等において定められる事項がその主要な内容をなしている）及びその効果（その公告がなされると計画の定めるところにより権利設定等の効果が生じる）に着目してみれば、土地又は建物の権利の設定及び移転計画ともいうべきものであり、また、多数の売買契約や賃貸借関係等を同時に形成するという意味では土地又は建物に関する売買契約、賃貸借契約の集合体的な性格を有するものであると考えられる。

　また、本計画の公告は、当該計画自体が上記の性格を有していることから、公告により特定人の権利義務を具体的に決定することとなる。このため、本計画の公告は行政処分に該当すると解さ

59

れる。

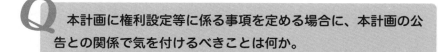 本計画に権利設定等に係る事項を定める場合に、本計画の公告との関係で気を付けるべきことは何か。

実際の権利設定等は、本計画に定められた時期に、本計画に定められた者に対して行われるものであるが、この場合、公告の時期と権利設定等の時期の関係については、本計画の公告の日よりも前に権利設定等が行われることとすると、対価の支払、登記の移転等の事務が混乱することも想定されることから、本計画においては、公告をする日の後に権利設定等が行われるよう定めることが望ましいと考えられる。

このため、実際の運用としては、公告した後、本計画に定められた対価の支払期限までに対価が支払われ、その後に本計画に定める権利設定等の時期が到来して権利設定等の効果が発生することとなると考えられる。

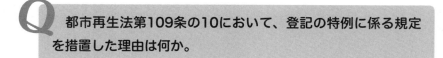 都市再生法第109条の10において、登記の特例に係る規定を措置した理由は何か。

本計画に基づき権利設定等が行われる土地又は建物は、一般の売買や賃貸借等と同様の効果を持つ権利変動が生じるので、その登記についても、当事者が不動産登記法の規定に基づき申請することは可能である。

しかし、土地又は建物の登記について第三者に対する対抗力を

I 低未利用土地権利設定等促進計画制度の創設

取得しようとする者の自由に任せることは、権利設定等を行った者の登記が完了しない間に第三者のための登記がなされる等、対抗力を取得できない者が生じるおそれがあり、その場合、円滑に土地又は建物の権利設定等を行うことにより低未利用地の計画的な利用を促進するという本計画の目的が達成できなくなる。

また、計画の作成、公告という手続によって一斉に本計画の定めるところにより権利変動を生ずることとした以上、できるだけ早期に、対抗力を新たな土地所有者等に取得させて権利関係を安定させ、本計画の目的を達成させることが適当である。

このため、当事者による申請の例外として、登記の特例に係る本規定が設けられた（嘱託登記）。具体的には、権利移転等の促進計画に係る不動産登記に関する政令に基づき、本計画により権利を取得した者の請求によって、市町村が登記を嘱託することとなる。

Q 都市再生法第109条の12（低未利用地等に関する情報の利用等）を措置した理由は何か。

A 昨今増加している低未利用地については、その所有者等が遠方に居住している場合など、その確知のために相当の労力を要する場合があり、これがその利用及び管理を阻害する要因となっている。

このため、低未利用地の利用の促進と適正な管理とを図るために行政が一定の関与を図る場合には、その保有する課税情報等を必要な範囲で内部利用し、低未利用地の所有者等に連絡を取ることなどを通じて、その所在を確知しやすくすることとされた。

具体的には、固定資産課税台帳や地籍調査票の情報を活用することが想定されている。

Q 都市再生法第109条の12第1項において、市町村は保有する課税情報等を必要な範囲で内部利用することができるとされたが、個人情報保護との関係はどのようになっているのか。

A 個人情報保護との関係については、地方自治体が保有する個人情報の取扱いは、各自治体の条例において定められているが、一般的には、「法令等の規定に基づく場合」は、特定された利用目的以外の目的のために、その情報を利用することができることとされている。

> 参考
>
> ■行政機関の保有する個人情報の保護に関する法律（平成15年法律第58号）（抄）
>
> （利用及び提供の制限）
>
> 第8条　行政機関の長は、法令に基づく場合を除き、利用目的以外の目的のために保有個人情報を自ら利用し、又は提供してはならない。
>
> 2　前項の規定にかかわらず、行政機関の長は、次の各号のいずれかに該当すると認めるときは、利用目的以外の目的のために保有個人情報を自ら利用し、又は提供することができる。ただし、保有個人情報を利用目的以外の目的のために自ら利用し、又は提供することによって、本人又は第三者の権利利益を不当に侵害するおそれがあると認められるときは、この限りでない。

一　本人の同意があるとき、又は本人に提供するとき。
　二　<u>行政機関が法令の定める所掌事務の遂行に必要な限度で保有個人情報を内部で利用する場合であって、当該保有個人情報を利用することについて相当な理由のあるとき。</u>
　三・四　（略）
3　前項の規定は、保有個人情報の利用又は提供を制限する他の法令の規定の適用を妨げるものではない。
4　行政機関の長は、個人の権利利益を保護するため特に必要があると認めるときは、保有個人情報の利用目的以外の目的のための行政機関の内部における利用を特定の部局又は機関に限るものとする。

Ⅱ 都市再生推進法人の業務の追加

【都市再生特別措置法】

> （推進法人の業務）
> 第119条　推進法人は、次に掲げる業務を行うものとする。
> 一　次に掲げる事業を施行する民間事業者に対し、当該事業に関する知識を有する者の派遣、情報の提供、相談その他の援助を行うこと。
> 　　イ〜ハ　（略）
> 　　<u>ニ　立地適正化計画に記載された居住誘導区域又は都市機能誘導区域内における低未利用土地の利用又は管理に関する事業</u>
> 　　ホ　（略）
> 二　（略）
> 三　次に掲げる事業を施行すること又は当該事業に参加すること。
> 　　イ　第1号の事業
> 　　ロ　公共施設又は駐車場その他の第46条第1項の土地の区域又は立地適正化計画に記載された居住誘導区域における居住者、滞在者その他の者の利便の増進に寄与するものとして国土交通省令で定める施設の整備に関する事業
> 四　前号の事業に有効に利用できる土地で政令で定めるものの取得、管理及び譲渡を行うこと。
> 五〜十二　（略）

＜本条の趣旨＞

　市町村長が指定する都市再生推進法人は、まちづくりに関するノウハウを有して民間事業者等の活動を支援する法人として、都市開

発事業や跡地管理業務等を行う者に対する専門家の派遣、情報提供、相談、その他の援助や、これらの事業の施行・参加、これらの事業に有効活用できる土地の取得、管理、譲渡等を主な業務としている（都市再生法第118条及び第119条）。

低未利用地の利用の促進を図る上では、それを有効活用しようとする者に知識・技術面で援助する役割、まちづくりに活用しうる物件について情報を集約し所有者と利用意向者とをマッチングする役割、需要と供給の時間差を埋めるために土地を一時的に保有・管理する役割（ランドバンク的機能）を担う主体の存在が重要である。

このため、都市再生推進法人の業務に、以下の業務を追加することとされた（同条第1項第1号ニ及び第4号等）。

- 居住誘導区域又は都市機能誘導区域内の低未利用土地の利用に関する事業を施行する者に対する、当該事業に関する知識を有する者の派遣、情報の提供、相談その他の援助
- 上記事業に有効に利用できる土地の取得、管理及び譲渡　等

都市再生推進法人への低未利用地の譲渡について、どのような税制措置が講じられているのか。

都市再生推進法人（公益法人）への低未利用地の譲渡について、以下の税制措置が講じられている。
- 所得税（15％→10％）
- 法人税（重課（長期5％）の適用除外）
- 個人住民税（5％→4％）　等

また、立地誘導促進施設協定についても、都市再生推進法人が対象施設を管理する場合に、税制措置が講じられることとなる。

その内容は以下のとおりである。

　協定に基づき整備・管理される施設について、都市再生推進法人が管理する道路・公園・広場・緑地・通路の用に供する土地及び償却資産で、都市再生推進法人が有料で借り受けたもの以外のものに対し、固定資産税・都市計画税を軽減。

　具体的には、5年以上の協定の場合には3年間、10年以上の協定の場合には5年間、固定資産税・都市計画税における課税標準を3分の2に軽減することとされた。

Ⅲ-1　土地区画整理事業の集約換地の特例

【都市再生特別措置法】

（誘導施設整備区）

第105条の2　立地適正化計画に記載された土地区画整理事業であって都市機能誘導区域をその施行地区に含むもののうち、建築物等の敷地として利用されていない宅地（土地区画整理法第2条第6項に規定する宅地をいう。以下同じ。）又はこれに準ずる宅地が相当程度存在する区域内において施行されるものの事業計画においては、当該施行地区内の宅地のうち次条第1項の申出が見込まれるものについての換地の地積の合計が、当該都市機能誘導区域に係る誘導施設を有する建築物を整備するのに必要な地積とおおむね等しいか又はこれを超えると認められる場合に限り、国土交通省令で定めるところにより、当該都市機能誘導区域内の土地の区域であって、当該建築物の用に供すべきもの（以下「誘導施設整備区」という。）を定めることができる。

（誘導施設整備区への換地の申出等）

第105条の3　前条の規定により事業計画において誘導施設整備区が定められたときは、施行地区内の宅地の所有者は、施行者に対し、国土交通省令で定めるところにより、換地計画において当該宅地についての換地を誘導施設整備区内に定めるべき旨の申出をすることができる。

2　前項の申出は、次に掲げる要件のいずれにも該当するものでなければならない。

一　当該申出に係る宅地が建築物等の敷地として利用されていない

ものであること又はこれに準ずるものとして規準、規約、定款若しくは施行規程で定めるものであること。

<u>二</u>　当該申出に係る宅地に地上権、永小作権、賃借権その他の当該宅地を使用し、又は収益することができる権利（誘導施設を有する建築物の所有を目的とする地上権及び賃借権並びに地役権を除く。）が存しないこと。

<u>三</u>　当該申出に係る宅地について誘導施設を有する建築物の所有を目的とする地上権又は賃借権を有する者があるときは、その者の同意が得られていること。

3　第1項の申出は、次の各号に掲げる場合の区分に応じ、当該各号に定める公告があった日から起算して60日以内に行わなければならない。

<u>一</u>　事業計画が定められた場合　土地区画整理法第76条第1項各号に掲げる公告（事業計画の変更の公告又は事業計画の変更についての認可の公告を除く。）

<u>二</u>　事業計画の変更により新たに誘導施設整備区が定められた場合　当該事業計画の変更の公告又は当該事業計画の変更についての認可の公告

<u>三</u>　事業計画の変更により従前の施行地区外の土地が新たに施行地区に編入されたことに伴い誘導施設整備区の面積が拡張された場合　当該事業計画の変更の公告又は当該事業計画の変更についての認可の公告

4　施行者は、第1項の申出があった場合において、前項の期間の経過後遅滞なく、第1号に該当すると認めるときは当該申出に係る宅地の全部を換地計画においてその宅地についての換地を誘導施設整備区内に定められるべき宅地として指定し、第2号に該当すると認めるときは当該申出に係る宅地の一部を換地計画においてその宅地

についての換地を誘導施設整備区内に定められるべき宅地として指定し、他の宅地について申出に応じない旨を決定し、第3号に該当すると認めるときは当該申出に係る宅地の全部について申出に応じない旨を決定しなければならない。

　一　換地計画において、当該申出に係る宅地の全部についての換地の地積が誘導施設整備区の面積と等しいこととなる場合

　二　換地計画において、当該申出に係る宅地の全部についての換地の地積が誘導施設整備区の面積を超えることとなる場合

　三　換地計画において、当該申出に係る宅地の全部についての換地の地積が誘導施設整備区の面積に満たないこととなる場合

5　施行者は、前項の規定による指定又は決定をしたときは、遅滞なく、第1項の申出をした者に対し、その旨を通知しなければならない。

6　施行者は、第4項の規定による指定をしたときは、遅滞なく、その旨を公告しなければならない。

7　施行者が土地区画整理法第14条第1項の規定により設立された土地区画整理組合である場合においては、最初の役員が選挙され、又は選任されるまでの間は、第1項の申出は、同条第1項の認可を受けた者が受理するものとする。

（誘導施設整備区への換地）

第105条の4　前条第4項の規定により指定された宅地については、換地計画において換地を誘導施設整備区内に定めなければならない。

規則

（誘導施設整備区を定める場合の地方公共団体施行に関する認可申請手続）

第2章　低未利用地の集約等による利用の促進

第47条の2　土地区画整理法第52条第1項又は第55条第12項の認可を申請しようとする者は、法第105条の2の規定により事業計画において誘導施設整備区を定めようとするときは、認可申請書に、土地区画整理法施行規則第3条の2各号に掲げる事項のほか、誘導施設整備区の位置及び面積を記載しなければならない。

（誘導施設整備区に関する図書）

第47条の3　誘導施設整備区は、設計説明書及び設計図を作成して定めなければならない。

2　前項の設計説明書には誘導施設整備区の面積を記載し、同項の設計図は縮尺1200分の1以上とするものとする。

3　第1項の設計図及び土地区画整理法施行規則第6条第1項の設計図は、併せて一葉の図面とするものとする。

（誘導施設整備区への換地の申出）

第47条の4　法第105条の3第1項の申出は、別記様式第15の2の申出書を提出して行うものとする。

2　前項の申出書には、法第105条の3第2項第3号の規定による同意を得たことを証する書類を添付しなければならない。

様式第15の2（第47条の4第1項関係）

　　　　　　　　　　誘導施設整備区換地申出書

　　　　　　　　　　　　　　　　　　　　　年　　　月　　　日

　　　　　殿

　　　　　　　　　　　　　　申出人　住所

　　　　　　　　　　　　　　　　　　氏名　　　　　　印

都市再生特別措置法第105条の3第1項の規定により、下記の宅地についての換地を誘導施設整備区内に定めるべき旨の申出をします。

　　　　　　　　　　　　　記

所在地及び地番	地　　目	地　　積

備考　1　申出人が法人である場合においては、住所及び氏名は、それぞれその法人の主たる事務所の所在地、名称及びその代表者の氏名を記載してください。
　　　2　申出人の氏名（法人にあってはその代表者の氏名）の記載を自署で行う場合においては、押印を省略することができます。

＜本条の趣旨＞

　昨今、地方都市の中心市街地や大都市の郊外部を中心に、空き地等が散在することによる都市の低密度化や居住環境の悪化が大きな課題となっている。また、それぞれの空き地等は細分化されていることが多く、単独で有効活用することは難しい。

　このような地域において、土地区画整理事業を通じて散在する空き地等を集約し、誘導施設を整備するために利用することができれば、散在する空き地等の有効活用を図り、賑わいの創出につなげることができる。

　しかしながら、土地区画整理事業の換地計画においては、原則として、土地区画整理法（昭和29年法律第119号）第89条[※]の規定（いわゆる「照応の原則」）に基づき換地を定めなければならず、従前の土地の位置を考慮せずに換地を定めることができないため、散在する空き地等の換地を特定の場所に定め、集約することはできない。

　このため、円滑に空き地等を集約し、誘導施設を有する建築物の用に供すべき土地を確保できるよう、立地適正化計画に記載された

土地区画整理事業について、空き地等の所有者の申出に基づき、当該空き地等の換地を誘導施設整備区内に定めることを可能とする制度を創設することとされた（都市再生法第105条の2から第105条の4まで）。

※ 換地計画において換地を定める場合においては、換地及び従前の宅地の位置、地積、土質、水利、利用状況、環境等が照応するように定めなければならない。

Q 本特例はどのような地域で活用されると想定されるか。

A 建築物の敷地として利用されていない空き地等が、相当程度存在する地方都市の中心市街地や大都市の郊外部において活用されることが想定される。

Q 建築物等の敷地として利用されていない宅地に準ずる宅地とはどのような宅地か。

A 建築物等の敷地として利用されていない宅地に準ずる宅地については、施行者が施行地区の実情に応じて定款等で定めるものであるが、例えば、損傷の激しい家屋の敷地や、低利用な青空駐車場などが想定される。

Ⅲ-1　土地区画整理事業の集約換地の特例

Q 本特例を活用できる土地区画整理事業は、建築物等の敷地として利用されていない宅地又はこれに準ずる宅地が相当程度存在する区域内において施行されるものとされているが、これらの宅地がどの程度存在することが必要か。

A 本特例は、建築物等の敷地として利用されていない宅地又はこれに準ずる宅地、すなわち空き地等の集約により整備しようとする誘導施設の敷地の確保をしようとするものであることから、集約することにより整備しようとする誘導施設の敷地を確保できるだけの空き地等が必要であるが、地域の特性や用途により求められる誘導施設の敷地の規模は様々であることを踏まえ、具体の要件は法定されていないことから、個別に判断されることとなる。

Q 建築物等の敷地として利用されていない宅地等のみを申出対象としている理由は何か。

A 本特例は、従前から建築物等の敷地となっている宅地について既存の建築物等を移転又は除却し、誘導施設を整備することを目的とするものではなく、散在する空き地等を活用し、立地適正化計画に位置づけられた誘導施設の整備を図ることを目的としていることから、建築物等の敷地として利用されていない宅地等に限ることとされている。

第2章　低未利用地の集約等による利用の促進

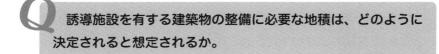

誘導施設を有する建築物の整備に必要な地積は、どのように決定されると想定されるか。

A　本特例に係る土地区画整理事業は、立地適正化計画に位置づけられたものであることから、土地区画整理事業の施行者、施行地区内の地権者、立地適正化計画を作成する市町村等が、具体的な誘導施設の種類や規模を踏まえ、協議により決定することとなると想定される。

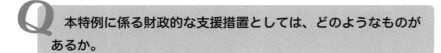

本特例に係る財政的な支援措置としては、どのようなものがあるか。

制度創設に合わせ、以下の措置が講じられている。
・　社会資本整備総合交付金による補助制度を拡充し、これまで対象とならなかった小規模な土地区画整理事業に対する支援を可能とする（面積要件の引下げ）。
・　都市開発資金貸付金による融資制度の対象に、誘導施設整備区が定められた土地区画整理事業を追加する。

Ⅲ-2 土地区画整理事業を行う民間事業者に対する資金貸付け制度の創設

【都市開発資金の貸付けに関する法律】

（都市開発資金の貸付け）

第1条　（略）

2・3　（略）

4　国は、土地区画整理事業（土地区画整理法（昭和29年法律第109号）による土地区画整理事業をいう。以下同じ。）に関し地方公共団体が次に掲げる貸付けを行う場合において、特に必要があると認めるときは、当該地方公共団体に対し、当該貸付けに必要な資金の2分の1以内を貸し付けることができる。

一・二　（略）

<u>三　都市再生特別措置法（平成14年法律第22号）第105条の2の規定による誘導施設整備区が事業計画において定められている土地区画整理事業で、施行地区の面積、公共施設の種類及び規模等が政令で定める基準に適合するものを施行する個人施行者、土地区画整理組合又は区画整理会社に対する当該土地区画整理事業に要する費用で政令で定める範囲内のものに充てるための無利子の資金の貸付け</u>

四　（略）

五　土地区画整理事業（<u>前各号</u>に規定する土地区画整理事業で、施行地区の面積、公共施設の種類及び規模等がそれぞれ当該各号の政令で定める基準に適合するものに限る。）の施行者（土地区画整理法第2条第3項に規定する施行者をいう。以下この条及び次

条第５項において同じ。）が、保留地（同法第96条第１項又は第２項の規定により換地として定めない土地をいう。以下この号及び次条第５項において同じ。）の全部又は一部を、国土交通省令で定めるところにより公募して譲渡しようとしたにもかかわらず譲渡することができなかった場合において、次のいずれかに該当する者が出資している法人で政令で定めるものに取得させるときの当該法人に対する当該保留地の全部又は一部の取得に必要な費用で政令で定める範囲内のものに充てるための無利子の資金の貸付け

　　イ～ハ　（略）

5　国は、地方公共団体に対し、土地区画整理組合が国土交通省令で定める土地区画整理事業の施行の推進を図るための措置を講じたにもかかわらず、その施行する土地区画整理事業を遂行することができないと認められるに至った場合において、当該地方公共団体が、その施行地区となっている区域について新たに施行者となり、土地区画整理法第128条第２項の規定により当該土地区画整理組合から引き継いで施行することとなった土地区画整理事業（前項第１号から第４号までに規定する土地区画整理事業で、施行地区の面積、公共施設の種類及び規模等がそれぞれ当該各号の政令で定める基準に適合するものに限る。）に要する費用で政令で定める範囲内のものに充てる資金を貸し付けることができる。

6　（略）

　令

（資金の貸付けの対象となる合理的かつ健全な高度利用に資する土地区画整理事業等の基準）

第19条　法第１条第４項第２号及び第３号の政令で定める基準は、

次に掲げるものとする。

一〜三　（略）

（資金の貸付けの対象となる合理的かつ健全な高度利用に資する土地区画整理事業等に要する費用の範囲）

第20条　法第１条第４項第２号及び第３号の政令で定める土地区画整理事業に要する費用の範囲は、土地区画整理法施行令第63条第１項各号（第８号を除く。）に掲げる費用（法第２条第５項の表３の項区分の欄に規定する場合にあっては、同欄の保留地の管理処分に要する費用を含む。）及び水道、電気供給施設、ガス供給施設、下水道その他の供給施設又は処理施設の新設又は変更の工事に要する費用の２分の１とする。

＜本条の趣旨＞

　今日まで、土地区画整理事業は多様な市街地整備上の課題に対応すべく活用されており、重要な公共施設と併せた市街地整備や土地の合理的かつ健全な高度利用を図るなど公益性の高い事業については、当該事業の推進のため、都市開発資金による貸付けを行ってきたところである。

　今般の都市再生法の改正により誘導施設整備区制度が創設されたが、当該制度に基づいて施行される土地区画整理事業は、当該事業の施行地区において散在する空き地等の有効活用により、賑わいの創出を図る公益性の高い事業であり、その円滑な施行を支援する必要がある。

　このため、都市開発資金の貸付けに関する法律を改正し、国は、地方公共団体が、事業計画に誘導施設整備区が定められている土地区画整理事業を施行する個人施行者、土地区画整理組合又は区画整理会社に対し、当該事業に要する費用の一部に充てるための無利子

の資金の貸付けを行うときは、当該地方公共団体に対し、その資金の2分の1以内を貸し付けることができることとされた（都市開発資金の貸付けに関する法律第1条第4項第3号）。

Ⅳ 低未利用地の利用と管理のための指針

【都市再生特別措置法】

（立地適正化計画）

第81条　（略）

2～7　（略）

<u>8　（新設）※後述</u>

<u>9　第２項第５号に掲げる事項には、居住誘導区域にあっては住宅の、都市機能誘導区域にあっては誘導施設の立地及び立地の誘導を図るための低未利用土地の利用及び管理に関する指針（以下「低未利用土地利用等指針」という。）に関する事項を記載することができる。</u>　※再掲

<u>10　（新設）※前述</u>

<u>11～19　（略）</u>

（低未利用土地の利用及び管理に関する市町村の援助等）

<u>第109条の５　第81条第９項の規定により立地適正化計画に低未利用土地利用等指針に関する事項が記載されているときは、市町村は、当該低未利用土地利用等指針に即し、居住誘導区域又は都市機能誘導区域内の低未利用土地の所有者等に対し、住宅又は誘導施設の立地及び立地の誘導を図るために必要な低未利用土地の利用及び管理に関する情報の提供、指導、助言その他の援助を行うものとする。</u>

<u>2　市町村は、前項の援助として低未利用土地の利用の方法に関する提案又はその方法に関する知識を有する者の派遣を行うため必要があると認めるときは、都市計画法第75条の５第１項の規定により</u>

指定した都市計画協力団体に必要な協力を要請することができる。
3　市町村長は、立地適正化計画に記載された居住誘導区域又は都市機能誘区域内の低未利用土地の所有者等が当該低未利用土地利用等指針に即した低未利用土地の管理を行わないため、悪臭の発生、堆積した廃棄物（廃棄物の処理及び清掃に関する法律（昭和45年法律第137号）第２条第１項に規定する廃棄物をいう。）の飛散その他の事由により当該低未利用土地の周辺の地域における住宅又は誘導施設の立地又は立地の誘導を図る上で著しい支障が生じていると認めるときは、当該所有者等に対し、当該低未利用土地利用等指針に即した低未利用土地の管理を行うよう勧告することができる。

　（低未利用土地等に関する情報の利用等）　※再掲
第109条の12　市町村長は、この節の規定の施行に必要な限度で、その保有する低未利用土地及び低未利用土地に存する建物に関する情報を、その保有に当たって特定された利用の目的以外の目的のために内部で利用することができる。
2　市町村長は、この節の規定の施行のため必要があると認めるときは、関係地方公共団体の長に対して、低未利用土地及び低未利用土地に存する建物に関する情報の提供を求めることができる。

参考
■都市計画法（昭和43年法律第100号）（抄）
　（都市計画協力団体の市町村による援助への協力）
第75条の10　都市計画協力団体は、市町村から都市再生特別措置法第109条の５第２項の規定による協力の要請を受けたときは、当該要請に応じ、低未利用土地（同法第46条第17項に規定する低未利用土地をいう。）の利用の方法に関する提案又はその方法に関する知識を有する者の派遣に関し協力するものとする。

Ⅳ 低未利用地の利用と管理のための指針

＜本条の趣旨＞

　地方都市の中心市街地や大都市の郊外部においては、空き家や空き店舗、利用頻度の少ない駐車場等が増加し、低未利用地への転換が進行しているところである。低未利用地は、管理が放棄された空間であるため器物破損や廃棄物の不法投棄等が行われ易く、治安や居住環境・景観の悪化等を生じさせるほか、建物が歯抜け状に点在する状態となることで生活利便性が低下するなど、市街地全体の活力の低下につながるものであり、住宅や誘導施設の立地及び立地の誘導を図る上で大きな支障となっている。

　このため、低未利用地に関する対策の進め方や、対策を優先的に実施する箇所を明示しその所有者等に適正な管理等を促すため、市町村が作成する立地適正化計画に、低未利用土地利用等指針を定めることができることとされた（都市再生法第81条第9項）。

　市町村は、立地適正化計画に低未利用土地利用等指針を記載した場合には、当該指針に即して、居住誘導区域又は都市機能誘導区域内の低未利用地の所有者等に対し、住宅又は誘導施設の立地及び立地の誘導を図るために必要な低未利用地の利用及び管理に関する援助を行うこととし、これにより当該所有者等による低未利用地の利用及び管理を促すこととされた（都市再生法第109条の5第1項）。

　また、低未利用地の所有者等がその管理を行わず、悪臭の発生、堆積した廃棄物の飛散などにより当該低未利用地の周辺の地域における住宅又は誘導施設の立地又は立地の誘導を図る上で著しい支障が生じていると認めるときは、当該所有者等に対し、低未利用土地利用等指針に即した低未利用地の管理を行うよう勧告することができることとされた（同条第3項）。

低未利用土地利用等指針にはどのような内容を記載することとなるのか。

 低未利用土地利用等指針に記載する内容については、利用と管理に関してそれぞれ以下のような内容を記載することが想定される。

【利用】
- 公園が不足している居住を誘導すべきエリアにおいて、住民が集う市民緑地としての利用を推奨すること
- 都市機能を誘導すべきエリアにおいて、オープンカフェなどの商業施設、医療施設等の利用者の利便を高める施設としての利用を推奨すること（低未利用土地権利設定等促進計画に係る対象区域及び当該計画に係る事業に関する事項ついて、併せて立地適正化計画に記載することで、当該計画制度を活用することも可能となる。）

【管理】
- 害虫の発生を予防するため定期的な除草を行うこと
- 不法投棄を防止するための柵を設置すること

 都市再生法第109条の5第1項に基づき、市町村はどのような助言を行うことが想定されているのか。

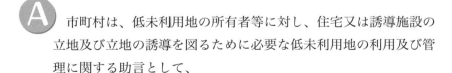 市町村は、低未利用地の所有者等に対し、住宅又は誘導施設の立地及び立地の誘導を図るために必要な低未利用地の利用及び管理に関する助言として、

Ⅳ 低未利用地の利用と管理のための指針

- ・ 都市計画協力団体などのまちづくり団体に協力を求めることを薦めること
- ・ 税制上のインセンティブがある低未利用土地権利設定等促進計画や立地誘導促進施設協定の活用を促すこと

などが想定される。

Q 都市再生法第109条の5第3項に基づき、市町村長はどのような勧告を行うことが想定されているのか。

A 低未利用土地利用等指針に即した低未利用地の管理が適正に行われないことにより、居住誘導区域にあっては住宅の、都市機能誘導区域にあっては誘導施設の立地等を図る上で著しい支障が生じている場合に、市町村長が勧告を行うことができるとされている。

具体的には、適切な排水がなされず悪臭が発生している、ゴミが周辺の道路に飛散しているなど、周辺への悪影響をもたらしている土地について、適正な管理が図られるよう勧告することが想定されている。

Q 都市再生法第109条の12（低未利用地等に関する情報の利用等）を措置した理由は何か。

A 昨今増加している低未利用地については、その所有者等が遠方に居住している場合など、その確知のために相当の労力を要する場合があり、これがその利用及び管理を阻害する要因となってい

る。

　このため、低未利用地の利用の促進と適正な管理とを図るために行政が一定の関与を及ぼす場合には、その保有する課税情報等を必要な範囲で内部利用し、低未利用地の所有者等に連絡を取ることなどを通じて、その所在を確知しやすくすることとされた。

　具体的には、固定資産課税台帳や地籍調査票の情報を活用することが想定される。

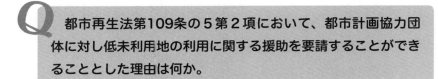

Q 都市再生法第109条の5第2項において、都市計画協力団体に対し低未利用地の利用に関する援助を要請することができることとした理由は何か。

A 市街地における低未利用地の存在は、以下の例に挙げるとおり、都市計画の適切な遂行に当たっての大きな支障となっているところである。

・　住居関係の地域地区を都市計画に定め、良好な住居環境を創出しようとしても、低未利用地が存在することで美観風致の悪化等を招き、良好な生活環境の実現ができない。

・　商業地域を都市計画に定め商店街の賑わいを創出しようとしても、商店の閉店等がランダム的に発生し低未利用地になることで、賑わいを創出することができない。

　市街地における低未利用地に係る対策については、本来、都市計画を策定・遂行する市町村が実施すべきものである。

　しかし低未利用地は時間的・空間的にランダムに発生するという特徴を有していることや低未利用地の利用を促進するためには、その所有者等の意思・意向を踏まえながらそれぞれの地域に

おいて個別具体的に取り組むことが求められることから、低未利用地に係る対策について特に関心を有し、必要なノウハウを有している都市計画協力団体の協力を得ることができるよう、要請に係る規定が措置された。

　また、当該要請を受けた都市計画協力団体は、当該要請に応じ、低未利用地の利用の方法に関する提案や人材派遣に関し協力するものとされた。

第 3 章

身の回りの公共空間の創出

改正法においては、身の回りの公共空間の創出を図るため、交流広場等の地域コミュニティが共同で整備・管理する施設についての協定制度が創設されたとともに、都市計画の案の作成、意見の調整等を行う住民団体等を、「都市計画協力団体」として市町村長が指定できることとする措置が講じられた。

Ⅰ	立地誘導促進施設協定制度の創設 ・・・・・・・	89
Ⅱ	都市計画協力団体制度の創設 ・・・・・・・	112

Ⅰ 立地誘導促進施設協定制度の創設

【都市再生特別措置法】

（立地適正化計画）

第81条　（略）

2～7　（略）

<u>8　第２項第５号に掲げる事項には、居住誘導区域又は都市機能誘導区域のうち、レクリエーションの用に供する広場、地域における催しに関する情報を提供するための広告塔、良好な景観の形成又は風致の維持に寄与する並木その他のこれらの区域における居住者、来訪者又は滞在者の利便の増進に寄与する施設等であって、居住誘導区域にあっては住宅の、都市機能誘導区域にあっては誘導施設の立地の誘導の促進に資するもの（以下「立地誘導促進施設」という。）の配置及び利用の状況その他の状況からみて、これらの区域内の一団の土地の所有者及び借地権等を有する者（土地区画整理法第98条第１項の規定により仮換地として指定された土地にあっては、当該土地に対応する従前の土地の所有者及び借地権等を有する者）による立地誘導促進施設の一体的な整備又は管理が必要となると認められる区域並びに当該立地誘導促進施設の一体的な整備又は管理に関する事項を記載することができる。</u>

<u>9</u>　（新設）※前述

<u>10</u>　（新設）※前述

<u>11</u>～<u>19</u>　（略）

（立地誘導促進施設協定の締結等）

第109条の２　<u>立地適正化計画に記載された第81条第８項に規定す</u>

る区域内の一団の土地の所有者及び借地権等を有する者（土地区画整理法第98条第１項の規定により仮換地として指定された土地にあっては、当該土地に対応する従前の土地の所有者及び借地権等を有する者。以下「土地所有者等」という。）は、その全員の合意により、立地誘導促進施設の一体的な整備又は管理に関する協定（以下「立地誘導促進施設協定」という。）を締結することができる。ただし、当該土地（同法第98条第１項の規定により仮換地として指定された土地にあっては、当該土地に対応する従前の土地）の区域内に借地権等の目的となっている土地がある場合においては、当該借地権等の目的となっている土地の所有者の合意を要しない。

2　立地誘導促進施設協定においては、次に掲げる事項を定めるものとする。

　一　立地誘導促進施設協定の目的となる土地の区域（以下この節において「協定区域」という。）並びに立地誘導促進施設の種類及び位置

　二　次に掲げる立地誘導促進施設の一体的な整備又は管理に関する事項のうち、必要なもの

　　イ　前号の立地誘導促進施設の概要及び規模

　　ロ　前号の立地誘導促進施設の一体的な整備又は管理の方法

　　ハ　その他立地誘導促進施設の一体的な整備又は管理に関する事項

　三　立地誘導促進施設協定の有効期間

　四　立地誘導促進施設協定に違反した場合の措置

3　第４章第７節（第45条の２第１項及び第２項を除く。）の規定は、立地誘導促進施設協定について準用する。この場合において、同条第３項中「前項各号」とあるのは「第109条の２第２項各号」と、同項及び第45条の11第１項中「都市再生緊急整備地域」とあ

I 立地誘導促進施設協定制度の創設

るのは「第81条第8項の規定により立地適正化計画に記載された区域」と、第45条の2第3項中「協定区域に」とあるのは「協定区域（第109条の2第2項第1号に規定する協定区域をいう。以下この節において同じ。）に」と、「都市再生歩行者経路の」とあるのは「立地誘導促進施設（第81条第8項に規定する立地誘導促進施設をいう。以下この節において同じ。）の一体的な」と、「土地所有者等」とあるのは「土地所有者等（第109条の2第1項に規定する土地所有者等をいう。以下この節において同じ。）」と、第45条の4第1項第3号中「第45条の2第2項各号」とあるのは「第109条の2第2項各号」と、同項第4号中「都市再生緊急整備地域の地域整備方針」とあるのは「第81条第8項の規定により立地適正化計画に記載された立地誘導促進施設の一体的な整備又は管理に関する事項」と、第45条の7及び第45条の10中「第45条の2第1項」とあるのは「第109条の2第1項」と、第45条の11第1項及び第二項中「都市再生歩行者経路の」とあるのは「立地誘導促進施設の一体的な」と読み替えるものとする。

（立地誘導促進施設協定への参加のあっせん）

第109条の3 協定区域内の土地に係る土地所有者等（当該立地誘導促進施設協定の効力が及ばない者を除く。）は、前条第3項において準用する第45条の2第3項に規定する協定区域隣接地の区域内の土地に係る土地所有者等に対し当該立地誘導促進施設協定への参加を求めた場合においてその参加を承諾しない者があるときは、当該協定区域内の土地に係る土地所有者等の全員の合意により、市町村長に対し、その者の承諾を得るために必要なあっせんを行うべき旨を申請することができる。

2 市町村長は、前項の規定による申請があった場合において、当該協定区域隣接地の区域内の土地に係る土地所有者等の当該立地誘導

促進施設協定への参加が前条第3項において準用する第45条の4第1項各号（第1号を除く。次条第1項において同じ。）に掲げる要件に照らして相当であり、かつ、当該立地誘導促進施設協定の内容からみてその者に対し参加を求めることが特に必要であると認めるときは、あっせんを行うことができる。

　（立地誘導促進施設協定の認可の取消し）

第109条の4　市町村長は、第109条の2第3項において準用する第45条の2第4項、第45条の5第1項又は第45条の11第1項の認可をした後において、当該認可に係る立地誘導促進施設協定の内容が第109条の2第3項において準用する第45条の4第1項各号に掲げる要件のいずれかに該当しなくなったときは、当該立地誘導促進施設協定の認可を取り消すものとする。

2　市町村長は、前項の規定による取消しをしたときは、速やかに、その旨を、協定区域内の土地に係る土地所有者等（当該立地誘導促進施設協定の効力が及ばない者を除く。）に通知するとともに、公告しなければならない。

> 規則

　（立地適正化計画の軽微な変更）　※再掲

第31条　法第81条第19項の国土交通省令で定める軽微な変更は、同条第2項第4号及び第5号に掲げる事項の変更（第5号に掲げる事項の変更にあっては、法第81条第8項及び第10項に規定する事項に係る変更に限る。）とする。

　（立地誘導促進施設協定の認可の基準）

第55条の3　法第109条の2第3項において準用する法第45条の4第1項第3号（法第109条の2第3項において準用する法第45条の5第2項において準用する場合を含む。）の国土交通省令で定める

I 立地誘導促進施設協定制度の創設

基準は、次のとおりとする。
<u>一 協定区域は、その境界が明確に定められていなければならない。</u>
<u>二 立地誘導促進施設の一体的な整備又は管理に関する事項は、居住誘導区域又は都市機能誘導区域における居住者、来訪者又は滞在者の利便の増進に寄与するとともに、居住誘導区域にあっては住宅の、都市機能誘導区域にあっては誘導施設の立地の誘導の促進に資するように定められていなければならない。</u>
<u>三 立地誘導促進施設協定に違反した場合の措置は、違反した者に対して不当に重い負担を課するものであってはならない。</u>
<u>四 協定区域隣接地の区域は、その境界が明確に定められていなければならない。</u>
<u>五 協定区域隣接地は、協定区域との一体性を有する土地の区域でなければならない。</u>
(立地誘導促進施設協定に関する準用)
第55条の4 第8条の2及び第8条の4の規定は、法第109条の2第1項に規定する立地誘導促進施設協定について準用する。

<本条の趣旨>

　国・地方を通じて厳しい財政状況にあり、既存ストックの有効活用が重要な課題となっている中、広場、広告塔、並木等の居住者等の利便の増進に資する施設について、全て公共負担で1つ1つの施設をそれぞれ整備又は管理するのではなく、地域住民等の発意に基づき地域の実情に応じて必要となる施設を一体的に整備又は管理することが地域の利便の増進につながるとともに、住宅又は誘導施設の立地の誘導の促進に寄与することとなる。

　実際に、駅前商店街などの居住誘導区域又は都市機能誘導区域の

第3章 身の回りの公共空間の創出

　対象となる場所において、広場やその周辺の広告塔、並木等について清掃や植栽、安全点検等の日常の管理を地域住民等が実施している事例も見受けられ、これが良好な市街地環境の形成につながり、住宅又は誘導施設の立地の誘導につながっていると考えられるところである。

　こうした取組みを一層推進し、立地適正化計画の目的を達成するため、市町村は、これらの施設の一体的な整備又は管理が必要となると認められる区域及び当該一体的な整備又は管理に関する事項を同計画に位置付けることができることとされた（都市再生法第81条第8項）。

　当該区域内の一団の土地の所有者等は、その全員の合意により、これらの施設の一体的な整備又は管理に関する協定を締結することができることとし、その後に土地の所有者等となった者に対しても、その効力があるものとされた（都市再生法第109条の2第1項及び第3項）。

本協定の活用イメージとしては、どのようなものが考えられるか。

　以下のような活用が想定されている。
　空き地や空き家等が生じている一団の土地（次頁左図）において、これらを活用するなどし、広場や集会所、通路等を整備する（次頁右図）。
　本協定は、住宅地であるか商業地であるかを問わず、その地域でニーズの高い施設等の整備に活用することが考えられる。
　このほか、例えば、複数の時間貸し駐車場が設置されている地

Ⅰ 立地誘導促進施設協定制度の創設

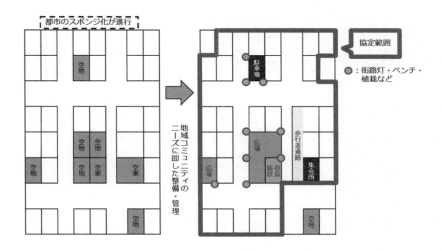

域について、各駐車場の所有者が本協定を活用して出入口を共同化し、余った土地を駐車台数の増設や他の収益施設として活用するといったことも考えられる。

Q 本協定にはどのような税制措置が講じられているのか。

　本協定においては、協定に基づき整備・管理される施設について、都市再生推進法人のうち公益法人であるものが管理する道路・公園・広場・緑地・通路の用に供する土地及び償却資産で、都市再生推進法人が有料で借り受けたもの以外のものに対し、固定資産税・都市計画税の軽減措置が図られている。

具体的には、5年以上の協定の場合には3年間、10年以上の協定の場合には5年間、固定資産税・都市計画税における課税標準を3分の2に軽減することとされた。

第3章　身の回りの公共空間の創出

 住民等が本協定を締結すると、具体的にどのようなメリットがあるのか。

　都市は道路、公園等の公的空間と、宅地等の私的空間からなっており、住民等が協力して都市の大半を占める私的空間の中から公的空間である広場、公園又は集会所等の整備・管理を進めることは、居住者等の利便を増進し、良好な市街地環境を確保する上で、非常に大きな効果があると考えられる。

　こうした住民の取組みは、自主的な合意形成によって行うことも不可能ではないが、このような合意は法的には当事者間に債権債務関係を発生させるだけで、例えば新たに引っ越してきた住民にはその効力が及ばないといった限界がある。このため、本協定は住民の地域における広場、公園又は集会所等の整備・管理の取組みに対し新たに土地の所有者等となった者にも効力を有することとする「承継効」といわれる法的効果を付与するものであり、これにより、住民は自らの広場、公園又は集会所等の整備・管理の取組みを法的な根拠を有する地域のルールとして位置付けることが可能となるものである。

 どのような施設等が本協定の対象となるのか。

　本協定の対象となる施設等については、あらかじめ限定することとはせず、それぞれの地域において必要と判断される施設を幅広く対象とすることが可能とされた。

　具体的には、都市再生法第81条第8項において例示されてい

Ⅰ 立地誘導促進施設協定制度の創設

るように、レクリエーションの用に供する広場、地域における催しに関する情報を提供するための広告塔、良好な景観の形成又は風致の維持に寄与する並木のほか、地域において必要となるコミュニティ施設や防犯灯、集会所など、居住誘導区域又は都市機能誘導区域における居住者、来訪者又は滞在者の利便の増進に寄与する施設、工作物又は物件であって、居住誘導区域にあっては住宅の立地、都市機能誘導区域にあっては誘導施設の立地の誘導の促進に資するものを、それぞれの地域の判断により幅広く対象とすることができることとされた。

地域で必要な施設等であることは、市町村が協定の認可を行う際に審査されることとなる。

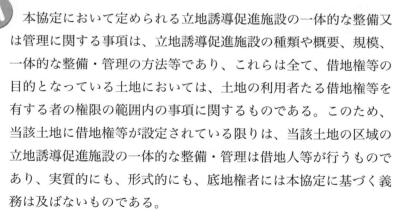

借地人のみの同意で本協定を締結できることとすることは、底地権者に不測の不利益を与える場合があるのではないか。

本協定において定められる立地誘導促進施設の一体的な整備又は管理に関する事項は、立地誘導促進施設の種類や概要、規模、一体的な整備・管理の方法等であり、これらは全て、借地権等の目的となっている土地においては、土地の利用者たる借地権等を有する者の権限の範囲内の事項に関するものである。このため、当該土地に借地権等が設定されている限りは、当該土地の区域の立地誘導促進施設の一体的な整備・管理は借地人等が行うものであり、実質的にも、形式的にも、底地権者には本協定に基づく義務は及ばないものである。

また、当該底地権者は、例えば当該土地において立地誘導促進施設の整備・管理をどのように行うかについて直接権限を有する

ものではなく、仮に、当該底地権者が当該土地における立地誘導促進施設の整備・管理の方法等について何らかの希望を有していたとしても、それはあくまで借地権等を有する者との契約を介して間接的に立地誘導促進施設の整備・管理に関する事項等を実現しうるに過ぎないものである。

さらに、借地権等の目的となっている土地の底地権者が本協定に加入していない場合に当該土地の全部又は一部について借地権等が消滅した場合においては、その借地権等の目的となっていた土地は、本協定区域から除かれることとされており、借地権等の消滅後においても、底地権者に本協定に基づく義務が課されるものではない。

従って借地人のみの同意で本協定を締結できることとしても、底地権者に不測の不利益が及ぶものではない。

Q 都市再生法第81条第8項及び第109条の2第1項の「仮換地として指定された土地にあっては、当該土地に対応する従前の土地の所有者及び借地権等を有する者」とは誰か。

A 「仮換地として指定された土地にあっては、当該土地に対応する従前の土地の所有者及び借地権等を有する者」とは、土地区画整理事業の仮換地処分が行われる前に、必要に応じて指定される仮換地について、使用又は収益をすることができる者（使用収益権者）を意味するものである。

これは、仮換地の使用収益権者は、仮換地について所有権又は借地権を有していないが、土地区画整理事業においては、仮換地がそのまま換地になる場合が多く、仮換地の指定直後から建築行

I　立地誘導促進施設協定制度の創設

為が行われる場合が多いことから、この時点で本協定を締結することができることとされたものである。

　また、借地権等の目的となっている土地がある場合においては、当該土地について本協定に定められる事項は土地の利用者である借地権者等の権限の範囲内の事項に関するものであることから、本協定の締結に当たり、借地権者等の同意さえあれば、土地の所有者の同意まで得ることは本来不要であること等により、当該借地権等の目的となっている土地の所有者の合意は不要とされた（都市再生法第109条の2第1項ただし書）。

　都市再生法第81条第8項の「立地誘導促進施設の一体的な整備又は管理に関する事項」とは何か。

　都市再生法第81条第8項の「立地誘導促進施設の一体的な整備又は管理に関する事項」については、

1）それぞれの地域において必要とされる住宅又は誘導施設の立地の誘導の促進等に資する施設等（広場、広告塔、並木など対象として考えられる施設等を幅広く記載）

2）これらの施設等を安定的に運営し、地域における継続的な賑わいや魅力的な居住環境の創出につなげる整備又は管理の在り方（市町村による支援策の概要、地域コミュニティに期待される役割）

等を定めることが想定されている。

都市再生法第109条の２第１項の「一団の土地」とは何か。

 都市再生法第109条の２第１項の「一団の土地」とは、広場、公園又は集会所等の整備・管理により居住者等の利便の増進に寄与するような規模を有するまとまった土地で、区域の境界が明確なものが想定されている。

 本協定において、一団の土地の所有者等の全員の合意を要件としている妥当性・必要性は何か。

 本協定は、地域の幅広いニーズに対応しながら、地域コミュニティで必要と判断した施設等を整備・管理していく仕組みとされている。本協定により整備・管理される施設等は、幹線道路や大規模な都市公園等のように土地を収用してまでも整備を図るべき性質のものではなく、掘り起こされた小さなニーズに対応した地域に必要な身の回りの施設等であり、土地の所有者等の合意なしに強制的に土地を利用することが困難であるとされている。

また、本協定は、施設等が立地する土地所有者等に負担を求めるのみならず、他に本協定に参加する一団の土地所有者等にも施設等の整備・管理に要する費用など一定の負担を求めるものであり、それぞれの負担の内容について合意形成がなされていることが必要であることから、一団の土地の所有者等の全員の合意が要件とされている。

なお、一団の土地の所有者等の合意形成に当たっては、後押しする仕組みが重要である。

本協定では、協定に基づき整備・管理する施設について、都市再生推進法人が管理する道路・広場等の土地における固定資産税の軽減措置や協定区域隣接地の土地の所有者等に対し、協定への参加を求めるよう、市町村長からのあっせんを可能とする措置が講じられているところである。

Q 都市再生法第109条の2第1項第1号の「立地誘導促進施設の種類及び位置」とは何か。

A 都市再生法第109条の2第1項第1号の「立地誘導促進施設の種類及び位置」とは、整備・管理する立地誘導促進施設の種類として、例えば、広場や公園、集会所等の別を定めるとともに、通路に連結するように広場を整備するといったことも含め、当該施設等の具体的な位置を定めるものである。

なお、本協定においては、1つの協定で複数の立地誘導促進施設を対象とすることが可能であることから、その種類として広場や並木、街灯等を同時に定めることも可能とされている。

Q 都市再生法第109条の2第2項第2号にはそれぞれ何を定めるのか。

A 都市再生法第109条の2第2項第2号には、それぞれ以下のような内容を定めることが想定されている。
① 立地誘導促進施設の概要及び規模
立地誘導促進施設を整備・管理する目的や必要性を明らかに

するため、例えば、レクリエーションを行うための広場や縁日等の地域の催しを行うための集会所等を、立地誘導促進施設の概要として定めること。

また、立地誘導促進施設の規模については、広場を整備する面積（○ha等）や集会所の収容人数等を定めること。

② 立地誘導促進施設の一体的な整備又は管理の方法
立地誘導促進施設の整備や整備後の日常的な清掃、警備等について、方法、工程等を定めること。

③ その他立地誘導促進施設の一体的な整備又は管理に関する事項
立地誘導促進施設の整備・管理に係る費用負担等のルールや立地誘導促進施設の整備に伴って必要となるプランターや自転車駐輪器具等の整備・管理に関する事項を定めること。

なお、費用負担については、実務上は、例えば、自治会などの地域コミュニティが協定締結者から自治会費などとあわせて立地誘導促進施設に係る費用を集める形にすることも考えられる。

Q　都市再生法第109条の2第2項第3号の「有効期間」には、どの程度の期間を定めるのか。

A　都市再生法第109条の2第2項第3号の「有効期間」としては、数年程度から30年程度まで、立地誘導促進施設の種類に応じて柔軟に定めることが想定される。なお、本協定には承継効が付与されることとなることから、有効期間については、具体的に定めることが望ましいと考えられる。

I　立地誘導促進施設協定制度の創設

都市再生法第109条の２第２項第４号には何を定めるのか。

　都市再生法第109条の２第２項第４号の「立地誘導促進施設協定に違反した場合の措置」には、違反した者に対して過度の私権の制約とならないような合理的な範囲内で、例えば、違約金の支払いや違反行為の差し止め、現状の回復に関する事項を定めることが想定される。

本協定における協定区域隣接地に係る制度の効果は何か。

　本協定においては、土地所有者等の全員の合意により立地誘導促進施設協定を締結するものとされているが、実際には、本協定の内容や効果等につき興味を抱きながらも、初めから協定に参加するのではなく、とりあえず周囲の土地所有者等による本協定への取組みやその効果等の様子を見て、それから参加を考えたいという者や、海外赴任等の不在権利者等本協定を締結する際に当初から合意を得ることが困難な土地所有者等も少なからず存在する。

　このため、本協定区域に隣接した土地であって、本協定の一部とすることにより居住者等の利便の増進に寄与する等のものとして本協定区域の土地となることを本協定区域内の土地所有者等が希望するものを、「協定区域隣接地」として定めることができるものとされた。協定区域隣接地内の土地所有者等は、後日簡易な手続により本協定に参加でき、本協定を変更し市町村長の認可を受ける手続が不要とされている。

103

第3章　身の回りの公共空間の創出

Q 協定区域隣接地の具体的なイメージはどのようなものか。

A 協定区域隣接地に係る制度の趣旨は、本来、本協定締結時から協定に参加することが望ましいと考えられる土地について、後日簡易な手続により本協定に加入できるようにすることにあり、また、協定区域隣接地は、既存の協定区域に加わることにより、既存の協定区域内の居住者等の利便の増進に寄与するような土地であることが制度上求められている。

こうした土地としては、例えば、協定区域に隣接する土地で、虫食い的に存在する本協定区域に含まれない土地や当該土地が本協定区域に加わることにより、立地誘導促進施設として整備・管理する施設等とあわせて整備・管理することにより地域全体のエリアバリューの更なる向上が見込まれるものが考えられる。

このため、例えば、既存の本協定区域との間に大規模な公共施設等が存在し、連坦性が確保できないような土地の区域について、隣接地に定めることは適当ではない。

Q 例えば、本協定区域と道路等をはさんだ土地についても、本協定区域に隣接した土地として協定区域隣接地になり得るのか。

A その協定区域隣接地と協定区域とを合わせて一団の土地となり得るものであれば、なり得る。

Ⅰ　立地誘導促進施設協定制度の創設

Q　都市再生法第109条の２第３項において準用する都市再生法第45条の３第２項の「関係人」の範囲はどこまで該当するのか。

A　この「関係人」は、本協定の設定が第三者の利益に反したり、真の合意の下に行われない場合を仮定して規定されたものであり、隣接地内の土地所有者等や名義を詐称された真実の土地所有者等のほかに、立地誘導促進施設の整備によって日照や通風、観望等を妨げられるもの等も入るものと解される。

Q　都市再生法第109条の２第３項において準用する都市再生法第45条の４第１項第２号の「土地又は建築物等の利用を不当に制限するものではないこと」とは何か。

A　都市再生法第109条の２第３項において準用する都市再生法第45条の４第１項第２号の「土地又は建築物等の利用を不当に制限するものでないこと」とは、必要とされる合理的な範囲を超えて、土地、建築物又は工作物の利用を制限する場合を意味するものであり、例えば、協定区域の面積の大半を立地誘導促進施設として活用し、その残余の部分だけでは有効な土地利用が図られず、当該施設以外の建築物等の機能が著しく低下してしまうこととなるような、あまりに極端な協定区域が設定されるといった場合や、協定締結者に立地誘導促進施設の整備・管理に要する費用を著しく超えた負担を求める場合をいうものと考えられる。

第3章 身の回りの公共空間の創出

Q 都市再生法第109条の2第3項において準用する都市再生法第45条の5第1項の「協定の効力が及ばない者」とは、具体的に誰のことか。

A 都市再生法第109条の2第3項において準用する都市再生法第45条の5第1項の「協定の効力が及ばない者」とは、借地人等の合意だけで本協定が締結された場合の当該土地の所有者をいうものとされている。都市再生法第109条の2第1項ただし書により、借地人等は、土地の所有者の合意がなくとも本協定を締結することができることとされていることから、当該借地人等の合意だけで本協定が締結された土地においては、本協定の変更に際しても、本協定の効力が及ばない土地の所有者の合意を不要とするものである。

Q 借地契約の更新や借地権の譲渡は、都市再生法第109条の2第3項において準用する都市再生法第45条の6第1項の「借地権等の消滅」に該当するのか。

A 「借地権等の消滅」とは、当該土地の所有者と借地人との間に締結された借地契約により設定された借地権等が実質的に消滅した場合をさすものである。このため、借地契約の更新及び借地権等の譲渡の場合、当該借地権等は、従前設定されていた借地権等と同一性を有するため、借地権等が消滅したこととはならず、当該土地は引き続き協定区域としての効力を有するものである。

Ⅰ　立地誘導促進施設協定制度の創設

Q 本協定において「承継効」を付与することとした理由は何か。

A 本協定が対象としている施設は、レクリエーションの用に供する広場やコミュニティ施設など、地域に必要な身の回りの公的な空間や施設であることから、これらを継続的に運営することが必要となると考えられる。

このため、協定締結者の全員の合意に基づいて協定を締結した場合に、協定締結者の一部が土地等を第三者に譲渡した場合においても譲受人に協定の効力が及ぶよう、市町村長の認可により「承継効」を付与し、協定に基づき整備・管理する空間や施設が継続的に維持できるようにされた。

Q 都市再生法第109条の2第3項において準用する都市再生法第45条の8第1項の規定の趣旨は何か。

A 協定区域内の土地で、借地人等の合意だけで協定が締結された土地において、当該土地の所有者が本協定への参加を希望する場合には、協定区域を変更する必要もなく、また、当該土地における借地権等が消滅しても、当該土地を協定区域として存続させることができるため、本協定の趣旨からしても望ましいものであり、他の協定参加者が反対する理由もないことから、市町村長に対する書面でその意志を表示するという簡易な手続によって協定に加入できるものとされた。

第3章　身の回りの公共空間の創出

Q 都市再生法第109条の2第3項において準用する都市再生法第45条の8第5項の「前条の規定の適用がある者」とは具体的に誰か。

A 「前条の規定の適用がある者」とは、都市再生法第109条の2第3項において準用する都市再生法第45条の7の規定により本協定の効力があるものとされた土地所有者等となった者を指し、当該土地所有者等となった者に対しては、同条において本協定の効力が及ぶ旨が規定されていることから、本規定においては再度規定しないこととされた。

Q 都市再生法第109条の2第3項において準用する都市再生法第45条の9第1項において、本協定の廃止は、過半数の合意でよいこととしている理由は何か。

A 本協定は、あくまで私的自治の原則に基づき定められる住民の自主的規制であるので、過半数の住民が当該協定を維持していく意思を持たなくなったときは、もはやその自主的規制の意義は失われたと解されることによるものである。

Q 都市再生法第109条の2第3項において準用する都市再生法第45条の11第1項の趣旨は何か。

A 民間ディベロッパーなどの開発事業者等が、分譲を予定して宅

Ⅰ　立地誘導促進施設協定制度の創設

地開発事業を行う場合、一人で土地を所有している段階では、本協定を締結する相手方が存在しないため、本協定が成立する条件として、分譲地に新たなコミュニティが形成される時を待つ必要がある。しかしながら、開発事業者等が、開発地の魅力を高めるため、開発段階であらかじめ必要な施設等を整備した上で、分譲を受けた者の間でその維持管理がなされる仕組みの構築を求める場合もあると考えられる。

そこで、本規定は、開発事業者が分譲前に市町村長の認可を受けて本協定を定めておくことにより、後に分譲を受けた者が本協定に基づいて居住者等の利便の増進に努めることができるよう制度化されたものである。

Q　都市再生法第109条の3の市町村長によるあっせんに係る規定を措置した理由は何か。

A　本協定において、協定区域隣接地の土地所有者等に協定への参加を求めるに当たっては、当該土地所有者等がその地域に居住しておらず、地域内での人間関係が十分構築されていないために参加に至らない場合もあると考えられる。

このため、協定区域隣接地の土地所有者等に協定への参加を求めたにもかかわらず、その参加を承諾しない場合には、協定区域内の土地所有者等の全員の合意に基づき、市町村長は必要に応じてあっせんを行うことができることとされた。

都市再生法第109条の3のあっせんを行うにあたって、市町村長が留意する必要がある点は何か。

 都市再生法第109条の3のあっせんについては、「特に必要があると認めるとき」に行うこととされていることから、市町村長は、協定の運用状況等を踏まえ、その者の協定への参加が当該協定の目的をより効率的に達成するため特に重要である場合にあっせんを行うことが適当であると考えられる。また、あっせんの対象となる土地の所有者等と十分な意見交換が行われているか、これらの者の意向が十分尊重されるかといった点にも留意することが必要であると考えられる。

 都市再生法第109条の4の協定の認可の取消しに係る規定を措置した理由は何か。

 本協定は、
1) 地域のニーズに応じてその地域における住宅又は誘導施設の立地の誘導を促進する施設を選定し、必要とされる量・種類の施設を整備・管理するため、当該施設の整備・管理に係る取組みの熱意や個々人の健康、資力等が時間経過、世代交代等により容易に変わることが想定され、不断の努力を継続しなければ協定の目的を達成することができなくなる可能性があること
2) 立地適正化計画は、中長期的な視点に基づいて住宅や都市機能の誘導を図るものであるため、これらの誘導の達成状況や、人口動態などの社会経済的状況の変化に応じて、市町村におい

I 立地誘導促進施設協定制度の創設

て随時その内容を見直すことが念頭に置かれているものであること（このため、都市再生法第84条第1項において5年ごとに施策の実施状況等を適切に調査、分析及び評価することとされている。）

から、協定を継続させる意味がなくなる場合が想定される。

このため、市町村長は、認可をした協定の内容が認可基準のいずれかに該当しなくなったときは当該協定の認可を取り消すものとすることとされた。

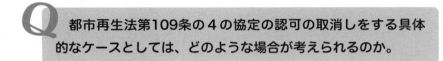
都市再生法第109条の4の協定の認可の取消しをする具体的なケースとしては、どのような場合が考えられるのか。

都市再生法第109条の4の協定の認可の取消しをする具体的なケースとしては、

1）災害等の事由により協定区域内の土地の現況が協定の締結時と著しく異なるものとなったことにより協定に係る施設の設置が不可能となった場合

2）協定に基づき整備・管理すべき立地誘導促進施設がいつまで経っても整備されない、又は協定の趣旨とは異なる施設等が整備・管理されるなど、協定の有効期間が相当程度経過しても立地適正化計画に記載された事項の目的が達成されず、かつ、将来にわたってもその達成が見込めない場合

等が想定される。

Ⅱ 都市計画協力団体制度の創設

【都市計画法】

(都市計画協力団体の指定)

第75条の5 市町村長は、次条に規定する業務を適正かつ確実に行うことができると認められる法人その他これに準ずるものとして国土交通省令で定める団体を、その申請により、都市計画協力団体として指定することができる。

2 市町村長は、前項の規定による指定をしたときは、当該都市計画協力団体の名称、住所及び事務所の所在地を公示しなければならない。

3 都市計画協力団体は、その名称、住所又は事務所の所在地を変更しようとするときは、あらかじめ、その旨を市町村長に届け出なければならない。

4 市町村長は、前項の規定による届出があったときは、当該届出に係る事項を公示しなければならない。

(都市計画協力団体の業務)

第75条の6 都市計画協力団体は、当該市町村の区域内において、次に掲げる業務を行うものとする。

一 当該市町村がする都市計画の決定又は変更に関し、住民の土地利用に関する意向その他の事情の把握、都市計画の案の内容となるべき事項の周知その他の協力を行うこと。

二 土地所有者等に対し、土地利用の方法に関する提案、土地利用の方法に関する知識を有する者の派遣その他の土地の有効かつ適切な利用を図るために必要な援助を行うこと。

三 都市計画に関する情報又は資料を収集し、及び提供すること。

四 都市計画に関する調査研究を行うこと。

五 都市計画に関する知識の普及及び啓発を行うこと。

六 前各号に掲げる業務に附帯する業務を行うこと。

（監督等）

第75条の7 市町村長は、前条各号に掲げる業務の適正かつ確実な実施を確保するため必要があると認めるときは、都市計画協力団体に対し、その業務に関し報告をさせることができる。

2 市町村長は、都市計画協力団体が前条各号に掲げる業務を適正かつ確実に実施していないと認めるときは、当該都市計画協力団体に対し、その業務の運営の改善に関し必要な措置を講ずべきことを命ずることができる。

3 市町村長は、都市計画協力団体が前項の規定による命令に違反したときは、その指定を取り消すことができる。

4 市町村長は、前項の規定により指定を取り消したときは、その旨を公示しなければならない。

（情報の提供等）

第75条の8 国土交通大臣又は市町村長は、都市計画協力団体に対し、その業務の実施に関し必要な情報の提供又は指導若しくは助言をするものとする。

（都市計画協力団体による都市計画の決定等の提案）

第75条の9 都市計画協力団体は、市町村に対し、第75条の6各号に掲げる業務の実施を通じて得られた知見に基づき、当該市町村の区域内の一定の地区における当該地区の特性に応じたまちづくりの推進を図るために必要な都市計画の決定又は変更をすることを提案することができる。この場合においては、当該提案に係る都市計画の素案を添えなければならない。

2　第21条の２第３項及び第21条の３から第21条の５までの規定は、前項の規定による提案について準用する。

（都市計画協力団体の市町村による援助への協力）　※再掲

第75条の10　都市計画協力団体は、市町村から都市再生特別措置法第109条の５第２項の規定による協力の要請を受けたときは、当該要請に応じ、低未利用土地（同法第46条第17項に規定する低未利用土地をいう。）の利用の方法に関する提案又はその方法に関する知識を有する者の派遣に関し協力するものとする。

規則

（都市計画協力団体として指定することができる法人に準ずる団体）

第57条の６　法第75条の５第１項の国土交通省令で定める団体は、法人でない団体であって、事務所の所在地、構成員の資格、代表者の選任方法、総会の運営、会計に関する事項その他当該団体の組織及び運営に関する事項を内容とする規約その他これに準ずるものを有しているものとする。

（都市計画協力団体による都市計画の決定等の提案）

第57条の７　法第75条の９第２項において準用する法第21条の２第３項の規定により計画提案を行おうとする都市計画協力団体は、その名称を記載した提案書に次に掲げる図書を添えて、これらを市町村に提出しなければならない。

一　都市計画の素案

二　法第21条の２第３項第２号の同意を得たことを証する書類

2　第13条の４第２項及び第３項の規定は、前項の規定による提出について準用する。

Ⅱ　都市計画協力団体制度の創設

＜本条の趣旨＞

　質の高いまちづくりを実現するためには、低未利用地の活用やまちづくりのルール作りなど、身の回りの課題に対処する住民団体や商店街組合等の主体的な取組みを後押しするとともに、地域の実情をきめ細やかに把握しているこれらの団体と身近な都市計画を担う市町村との連携を促進することが有効である。

　実際、住民団体等の中には、地域の土地利用の状況を調査・把握し、土地所有者等に対し望ましい土地利用に関する提案をしつつ、関係住民の意見を集約しながら、市町村と協働して地区計画等に住民意向を反映する取組みを行っているものがある。

　このため、地域の実情に応じた質の高いまちづくりを進める上で、住民意向に精通し良好な都市環境の形成への強い関心と、市町村とともにその実現へ向けた取組みを行う能力とをあわせ持つ団体を、都市計画協力団体として法律上位置付け、市町村との一層の連携強化を図ることとした。

　具体的には、市町村長は、住民の土地利用の意向の把握、土地利用の方法に関する提案等の業務を適正かつ確実に行うことができると認められる法人等を、その申請により、都市計画協力団体として指定することができることとし（都市計画法第75条の5第1項）、当該団体に行政の取組みに参画してもらうことで、行政と民間のまちづくりの担い手とが協働して質の高いまちづくりに取り組むこととされた。

第3章 身の回りの公共空間の創出

Q 都市計画法第75条の5第1項において、都市計画協力団体を指定することができるのは市町村長とされた理由は何か。

A 都市計画法上、一次的な都市計画の遂行の責務は、市町村等が有するものとされているところである。また、基礎自治体である市町村は、地域における住民主体の自主的な都市計画に係る取組みに最も通じていると考えられることから、都市計画協力団体は、市町村長の指定に係らしめることとされた。

Q どのような団体が都市計画協力団体として指定されることとなるのか。

A 都市計画協力団体には、まちづくり会社やＮＰＯ法人等の法人格を持った団体に加え、住民団体や商店街団体等の法人格を持たない地域に根ざした団体などを幅広く指定することが想定されている。

　このため、都市計画協力団体の対象となる者については、都市計画法第75条の5第1項において「次条に規定する業務を適正かつ確実に行うことができると認められる法人その他これに準ずるものとして国土交通省令で定める団体」と規定されている。

Ⅱ　都市計画協力団体制度の創設

Q 都市計画法第75条の６の規定に基づき、都市計画協力団体は、具体的にどのような業務を行うこととなるのか。

A 都市計画協力団体は、都市計画法第75条の６各号に掲げる業務として、それぞれ以下のような業務を行うことが想定される。

> 第１号　当該市町村がする都市計画の決定又は変更に関し、住民の土地利用に関する意向その他の事情の把握、都市計画の案の内容となるべき事項の周知その他の協力を行うこと。
>   例：住民参加のワークショップの開催、ウェブサイトを活用した都市計画の案の内容となるべき事項の周知
> 第２号　土地所有者等に対し、土地利用の方法に関する提案、その方法に関する知識を有する者の派遣、相談その他の土地の有効かつ適切な利用を図るために必要な援助を行うこと。
>   例：土地利用に関する先進的取組みの紹介、専門的知見を有する者の派遣
> 第３号　都市計画に関する情報又は資料を収集し、及び提供すること。
>   例：都市計画に従った施設の整備等が行われていない場所の発見及び連絡
> 第４号　都市計画に関する調査研究を行うこと。
>   例：地域の人口規模や土地利用の状況、交通量等の調査
> 第５号　都市計画に関する知識の普及及び啓発を行うこと。
>   例：都市計画の適切な遂行に係る普及及び啓発活動

第3章　身の回りの公共空間の創出

Q 都市計画法第75条の7の規定に基づき、都市計画協力団体の業務以外の行為に対して改善命令等を行うことはできるのか。

A 都市計画法第75条の7第1項の規定は、都市計画協力団体の業務に関する市町村長の報告徴収の権限を定めており、当該報告によって、都市計画協力団体の業務が適正かつ確実に実施されているか、把握できるようにするものである。

　また、同条第2項の規定により、市町村長が都市計画協力団体の業務の運営の改善に関し必要な措置を講ずべきことを命ずることができるのは、都市計画法第75条の6に掲げる業務の運営に関して、改善が必要と認められる場合であり、当該業務の運営以外の行為について改善命令を発することはできないとされている。ただし、同条に掲げる業務の運営以外の行為を行うことにより、同条に掲げる業務を適正かつ確実に行うことができなくなるような場合には、業務の運営に関して改善が必要と認められる場合に該当し、改善命令を発することができるものと解される。

Q 都市計画協力団体に指定されるとどのようなメリットがあるのか。

A 都市計画協力団体に指定されることにより、市町村長から公的な位置付けが与えられるほか、良好な住環境を維持するための地区計画など、身の回りの小規模な都市計画の提案を行う権限が付与される。

Ⅱ 都市計画協力団体制度の創設

なお、従来から、都市計画の提案を行うことができることとされているまちづくり団体については面積要件（0.5ヘクタール以上の区域に係るものであること）があるところ、都市計画協力団体についてはこの要件が撤廃されている。

都市計画協力団体について、提案に係る面積要件が撤廃されている理由は何か。

都市計画協力団体は、都市計画の作成への協力をする能力があると認められた団体であることや業務に係る報告や改善命令等の規定が措置されており、業務の確実な実施が見込まれること、業務を行うことにより得られた知見を活かして区域の特性に応じたきめ細やかなまちづくりを推進することが可能であることとされている。

そのため恣意的な都市計画の提案が行われることは想定しがたく、むしろ業務を行うことにより得られた知見に基づき、きめ細やかなまちづくりを推進し、都市計画の効果をより一層高めるような提案が行われることが期待されるため、提案に係る面積要件を撤廃することとされた。

都市計画協力団体と都市再生推進法人との主な違いは何か。

都市計画協力団体は、まちづくり会社やＮＰＯ等の法人格を持った団体に加え、住民団体や商店街組合等の法人格を持たない地域に根ざした団体等も指定の対象となり得る。

また、都市計画協力団体は、主に、住民参加のワークショップの開催、ウェブサイトを活用した都市計画の案の周知等の業務を行うなど、都市計画の作成段階において、市町村をある程度代替した取組みも含めた活動を行うことを想定している。
　これに対して、都市再生推進法人は、法人格を持つ団体のみが指定され、都市の再生に必要な公共公益施設の整備など、主に具体的な事業の実施段階において、その役割を担う団体として位置付けられている。

第 4 章

都市機能のマネジメント

改正法においては、都市機能のマネジメントを図るため、都市計画で位置付けられた施設を官民連携により確実に整備等するための協定制度が創設されたとともに、都市機能誘導区域内における商業施設、医療施設等の休廃止に係る届出制度の創設等の措置が講じられた。

Ⅰ　都市施設等整備協定制度の創設・・・・・・・・123

Ⅱ　誘導すべき施設（商業施設、医療施設等）
　　の休廃止届出制度の創設・・・・・・・・・・・134

Ⅰ 都市施設等整備協定制度の創設

【都市計画法】

(都市施設等整備協定の締結等)

第75条の2 都道府県又は市町村は、都市計画(都市施設、地区施設その他の国土交通省令で定める施設(以下この項において「都市施設等」という。)の整備に係るものに限る。)の案を作成しようとする場合において、当該都市計画に係る都市施設等の円滑かつ確実な整備を図るため特に必要があると認めるときは、当該都市施設等の整備を行うと見込まれる者(第75条の4において「施設整備予定者」という。)との間において、次に掲げる事項を定めた協定(以下「都市施設等整備協定」という。)を締結することができる。

一 都市施設等整備協定の目的となる都市施設等(以下この項において「協定都市施設等」という。)

二 協定都市施設等の位置、規模又は構造

三 協定都市施設等の整備の実施時期

四 次に掲げる事項のうち必要なもの

　イ 協定都市施設等の整備の方法

　ロ 協定都市施設等の用途の変更の制限その他の協定都市施設等の存置のための行為の制限に関する事項

　ハ その他協定都市施設等の整備に関する事項

五 都市施設等整備協定に違反した場合の措置

2 都道府県又は市町村は、都市施設等整備協定を締結したときは、国土交通省令で定めるところにより、その旨を公告し、かつ、当該都市施設等整備協定の写しを当該都道府県又は市町村の事務所に備

えて公衆の縦覧に供しなければならない。

　（都市施設等整備協定に従つた都市計画の案の作成等）

第75条の3　都道府県又は市町村は、都市施設等整備協定を締結したときは、当該都市施設等整備協定において定められた前条第1項第2号に掲げる事項に従って都市計画の案を作成して、当該都市施設等整備協定において定められた同項第3号に掲げる事項を勘案して適当な時期までに、都道府県都市計画審議会（市町村都市計画審議会が置かれている市町村にあっては、当該市町村都市計画審議会。次項において同じ。）に付議しなければならない。

2　都道府県又は市町村は、前項の規定により都市計画の案を都道府県都市計画審議会に付議しようとするときは、当該都市計画の案に併せて、当該都市施設等整備協定の写しを提出しなければならない。

　（開発許可の特例）

第75条の4　都道府県又は市町村は、都市施設等整備協定に第75条の2第1項第4号イに掲げる事項として施設整備予定者が行う開発行為（第29条第1項各号に掲げるものを除き、第32条第1項の同意又は同条第2項の規定による協議を要する場合にあっては、当該同意が得られ、又は当該協議が行われているものに限る。）に関する事項を定めようとするときは、国土交通省令で定めるところにより、あらかじめ、第29条第1項の許可の権限を有する者に協議し、その同意を得ることができる。

2　前項の規定による同意を得た事項が定められた都市施設等整備協定が第75条の2第2項の規定により公告されたときは、当該公告の日に当該事項に係る施設整備予定者に対する第29条第1項の許可があったものとみなす。

Ⅰ　都市施設等整備協定制度の創設

規則

（都市施設等）

第57条の２　法第75条の２第１項の国土交通省令で定める施設は、次に掲げるものとする。

一　高層住居誘導地区内の建築物（建築基準法（昭和25年法律第201号）第52条第１項第６号に掲げる建築物を除く。）であって、その住宅の用途に供する部分の床面積の合計がその延べ面積の３分の２以上となることとなるもの

二　その全部又は一部を都市再生特別地区又は特定用途誘導地区において誘導すべき用途に供することとなる建築物その他の工作物

三　都市施設

四　土地区画整理事業、新住宅市街地開発事業又は工業団地造成事業の施行により整備されることとなる公共施設

五　市街地再開発事業の施行により整備されることとなる公共施設又は建築物

六　新都市基盤整備事業の施行により整備されることとなる新都市基盤整備法（昭和47年法律第86号）第２条第５項に規定する根幹公共施設

七　住宅街区整備事業の施行により整備されることとなる公共施設又は大都市地域における住宅及び住宅地の供給の促進に関する特別措置法（昭和50年法律第67号）第28条第四号に規定する施設住宅

八　防災街区整備事業の施行により整備されることとなる公共施設又は密集市街地における防災街区の整備の促進に関する法律（平成九年法律第49号。第12号において「密集市街地整備法」という。）第117条第５号に規定する防災施設建築物

九　地区施設

十　法第12条の５第５項第１号に規定する施設

十一　その全部又は一部を開発整備促進区における地区整備計画の区域において誘導すべき用途に供することとなる特定大規模建築物

十二　密集市街地整備法第32条第２項第１号に規定する地区防災施設又は同項第２号に規定する地区施設

十三　地域における歴史的風致の維持及び向上に関する法律（平成20年法律第40号）第31条第２項第１号に規定する地区施設

十四　幹線道路の沿道の整備に関する法律（昭和55年法律第34号）第九条第２項第１号に規定する沿道地区施設

十五　幹線道路の沿道の整備に関する法律第９条第４項第１号に規定する施設

十六　集落地域整備法（昭和62年法律第63号）第５条第３項に規定する集落地区施設

（都市施設等整備協定の締結の公告）

第57条の３　法第75条の２第２項の規定による公告は、次に掲げる事項について、公報、掲示その他の方法で行うものとする。

一　都市施設等整備協定の名称

二　協定都市施設等の名称及び位置

三　都市施設等整備協定の縦覧場所

（開発行為に係る同意に関する協議）

第57条の４　法第75条の４第１項の規定による協議の申出をしようとする都道府県又は市町村は、協議書に当該申出に係る開発行為に関する次に掲げる書類を添えて、これらを法第29条第１項の許可の権限を有する者に提出するものとする。

一　施設整備予定者及び協定都市施設等の整備の実施時期に関する事項を記載した書類

> 二 法第30条第１項各号に掲げる事項に相当する事項を記載した書類
> 三 法第30条第２項の書面に相当する書面及び同項の図書に相当する図書
>
> **（開発行為に係る同意の基準）**
>
> **第57条の５** 法第75条の４第１項の同意は、次の各号に掲げる区分に応じてそれぞれ当該各号に定めるときは、これをすることができない。
>
> 一 市街化区域、区域区分が定められていない都市計画区域又は準都市計画区域内において開発行為を行う場合　法第33条第１項各号（同条第４項及び第５項の条例が定められているときは、当該条例で定める制限を含む。次号において同じ。）のいずれかに該当しないとき
>
> 二 市街化調整区域内において開発行為を行う場合　法第33条第１項各号のいずれかに該当しないとき又は法第34条各号のいずれにも該当しないとき

＜本条の趣旨＞

　人口減少局面に入り開発圧力が低下する中、都市計画決定された都市施設等の整備が必ずしも実現せず、当該施設の用に供することとされていた土地の有効活用が図られておらず、また当該施設がないことで地域の魅力が低下しているという状況が、大都市・地方都市を問わず発生している。

　都市施設等に関する都市計画は、機能的な都市活動を確保する上で必要な施設の位置、規模等を都市計画決定権者の意思として定めるものにすぎず、特定の主体にその整備を求めるという性質のものではないため、現行の都市計画制度の枠組みでは都市施設等の確実

第4章 都市機能のマネジメント

な整備を担保するには限界がある。

この点、都市施設等の確実な整備を担保するためには、都市計画決定権者が、都市計画の案を作成しようとする段階において、当該施設の整備を行うことが見込まれる事業者との調整・協議を行い、合意に基づき、双方の意向を都市施設等の整備内容に反映できるような仕組みを導入することが有効である。

このため、都市計画の案を作成しようとする都道府県又は市町村は、当該施設の整備を行うと見込まれる者との間において、当該施設の位置、規模又は構造、当該施設の整備の実施時期等を内容とする協定を締結することができることとし、当該施設の円滑かつ確実な整備を担保することとされた（都市計画法第75条の2第1項）。

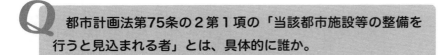

Q 都市計画法第75条の2第1項の「当該都市施設等の整備を行うと見込まれる者」とは、具体的に誰か。

A 都市計画法第75条の2第1項の「当該都市施設等の整備を行うと見込まれる者」としては、民間ディベロッパーのほか、病院を整備する医療法人や駅地下通路を整備する鉄道会社などが想定される。

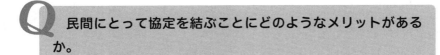

Q 民間にとって協定を結ぶことにどのようなメリットがあるか。

A 本協定を締結することによる民間側のメリットとしては、次のようなことが挙げられる。

Ⅰ　都市施設等整備協定制度の創設

1　事業実施に必要な時期までに都市計画審議会への付議が担保されることから、施設整備のスケジュールを管理しやすくなること
2　協定が公告縦覧され、一般にも広く知らされることから、協定内容の透明化・見える化が図られ、民間が負うべき責務の範囲が明らかになること

Q 都市計画法第75条の２第１項各号について、どのような内容を本協定に盛り込むのか。

A 本協定を締結する当事者の間において話し合いにより、協定事項を決定することとなるが、それぞれ以下のような内容を盛り込むことが想定される。

第１号　都市施設等整備協定の目的となる都市施設等
　　協定の対象となる施設が都市施設なのか、地区施設なのか、その他の施設か、対象とする施設の別を定めること。
第２号　協定都市施設等の位置、規模又は構造
　　都市施設として病院を整備する場合にあっては、整備する場所の位置（何丁目等）、○○ヘクタール等の規模、敷地面積あたりの延べ面積（○階）等の構造を定めること。
第３号　協定都市施設等の整備の実施時期
　　○月上旬、○月から○月まで、といった形で、実際に施設の整備を実施する時期を定めること。なお、この時期を勘案し、本協定を締結した都道府県又は市町村は都市計画審議会に本協定に基づく都市計画を付議することとなるため、本号では、整備を開始する時期

についてなるべく具体的な時期を定めることが望ましいと考えられる。

第4号　次に掲げる事項のうち必要なもの

イ　協定都市施設等の整備の方法

　　どのような事業計画・整備手法に基づいて整備を進めるのか、具体的な役割分担とプロセスを定めること。また、必要に応じて、施設の整備に伴って必要となる土地の区画性質の変更等の許認可事項についても定めることが考えられる。

ロ　協定都市施設等の用途の変更の制限その他の協定都市施設等の存置のための行為の制限に関する事項

　　例えば、都市施設として病院を整備する場合にあっては、整備した病院の用途を変更する行為を制限すること、整備した病院施設を無断で撤去する行為を制限すること等を定めること。

ハ　その他協定都市施設等の整備に関する事項

　　施設の整備に要する費用負担の割合等を定めること。

第5号　都市施設等整備協定に違反した場合の措置

　違約金や義務履行、原状回復、損害賠償等の請求・裁判所への出訴等を定めること。

Q 都市計画法第75条の2第2項の公告等に係る規定が措置された理由は何か。

本協定に基づき、都市施設等の整備に必要となる都市計画が定められることとなるため、第3者が容易にその内容を知ることができるように措置する必要がある。

I 都市施設等整備協定制度の創設

このため、都道府県又は市町村は、本協定を締結したときは、その旨を公告し、かつ、本協定の写しを当該都道府県又は市町村の事務所に備えて公衆の縦覧に供しなければならないこととされた。

都市計画法第75条の3の規定の趣旨は何か。

本協定を締結した都道府県又は市町村は、協定締結者が円滑に都市施設等の整備を行うことができるようにする責務を有することとなるため、当該都道府県又は市町村は、本協定に定められた当該施設の位置、規模等に従って都市計画の案を作成して、本協定において定められた当該施設の整備の実施時期を勘案して適当な時期までに（本協定に定めた当該施設の整備の実施時期までに都市計画の決定等が行われているようにすることが必要）、都市計画審議会に付議することとし（都市計画法第75条の3第1項）、本協定の実効性を担保することとされた。

また、その際には、都市計画審議会における審議が円滑に行われるよう、都市計画の案にあわせて、本協定の写しを提出しなければならないこととされた（同条第2項）。

都市計画法第75条の4の規定の趣旨は何か。

本協定は、都道府県又は市町村と都市施設等の整備を行うことが見込まれる者との間において、協定を締結し、都市施設等の円滑かつ確実な整備を図るためのものである。

このためには、都市施設等の整備に係る許認可の時間リスクを軽減させることや整備を行うと見込まれる者の手続に係る負担を軽減させることなどをあわせて図る必要があり、協定の締結を都市施設等の整備の実施に際し必要となる開発行為との関係で事前審査的な機能を有するものとして位置付け、実際の整備実施段階でこれを得たとみなす措置（ワンストップ）を講じることとされた。

すなわち、通常であれば整備実施段階で個別に所要の手続を経る必要があるところ、協定を締結する場合には、開発区域の位置、その設定等の都市計画法第30条第1項に掲げる内容を都市計画決定権者が早い段階で把握することが可能となるため、本規定により、整備検討段階で、都道府県又は市町村が申請者に代わって本来の開発許可権者に同意を得ることで、整備実施段階における手続を不要とすることとされた。

Q　都市計画法第75条の4第1項において、「第29条第1項の許可の権限を有する者」と規定された理由は何か。

A　都市計画法における開発行為の許可に係る権限については、原則として都道府県知事（同法第29条第1項）が有しているものの、指定都市、中核市についてはそれぞれの市長となっており（同項）、これに対応するため、「第29条第1項の許可の権限を有する者」と規定することとされた。

Ⅰ 都市施設等整備協定制度の創設

Q 都市計画法第75条の4第2項において、都市施設等整備協定の公告をもって開発行為に係る許可がみなされることとされた理由は何か。

A 開発行為に係る許可については、その許可の後、開発区域内の土地について建築制限が課されることとなるため（都市計画法第37条）、同意を許可とみなす時点について特に明らかにする必要があることから、その時点を本協定の公告の日とすることとされた。

第4章 都市機能のマネジメント

Ⅱ 誘導すべき施設（商業施設、医療施設等）の休廃止届出制度の創設

【都市再生特別措置法】

第108条の2　立地適正化計画に記載された都市機能誘導区域内において、当該都市機能誘導区域に係る誘導施設を休止し、又は廃止しようとする者は、休止し、又は廃止しようとする日の30日前までに、国土交通省令で定めるところにより、その旨を市町村長に届け出なければならない。

2　市町村長は、前項の規定による届出があった場合において、新たな誘導施設の立地又は立地の誘導を図るため、当該休止し、又は廃止しようとする誘導施設を有する建築物を有効に活用する必要があると認めるときは、当該届出をした者に対して、当該建築物の存置その他の必要な助言又は勧告をすることができる。

規則

（休廃止の届出）

第55条の2　法第108条の2第1項の規定による届出は、別記様式第21による届出書を提出して行うものとする。

様式第21（第55条の2関係）

誘導施設の休廃止届出書

年　　月　　日

　　　　　　殿

届出者　住所

　　　　氏名　　　　　　印

Ⅱ 誘導すべき施設（商業施設、医療施設等）の休廃止届出制度の創設

　都市再生特別措置法第108条の2第1項の規定に基づき、誘導施設の（休止・廃止）について、下記により届け出ます。

記

1　休止（廃止）しようとする誘導施設の名称、用途及び所在地
2　休止（廃止）しようとする年月日
3　休止しようとする場合にあっては、その期間
4　休止（廃止）に伴う措置
　（1）　休止（廃止）後に誘導施設を有する建築物を使用する予定がある場合、予定される当該建築物の用途
　（2）　休止（廃止）後に誘導施設を有する建築物を使用する予定がない場合、当該建築物の存置に関する事項

注1　届出者が法人である場合においては、氏名は、その法人の名称及び代表者の氏名を記載してください。
　2　届出者の氏名（法人にあってはその代表者の氏名）の記載を自署で行う場合においては、押印を省略することができます。
　3　4（2）欄には、当該建築物を存置する予定がある場合は存置のために必要な管理その他の事項について、当該建築物を存置する予定がない場合は当該建築物の除却の予定時期その他の事項について記入してください。

＜本条の趣旨＞

　立地適正化計画は、拡大した都市のコンパクト化を推進するべく、誘導施設の立地について、都市機能誘導区域外におけるものについては届出制による一定のコントロールを行っているのに対し、当該区域内における撤退等についてはこれまで何らコントロールが及んでいなかった。

　しかしながら、病院や大規模商業施設といった誘導施設の撤退等

が行政の関知しないままに生じた場合、行政が何らの手を打つこともできないままに必要な都市機能が失われることになりかねない。

本制度は、市町村が都市機能誘導区域内に存する誘導施設の休廃止の動きを事前に把握することにより、撤退前に、他の事業者の誘致を始める等の取組みができるようにするため、誘導施設を休止し、又は廃止しようとする者に事前届出を求めることとし、必要に応じて、当該者に対し、助言又は勧告を行うことができることとされた（都市再生法第108条の２）。

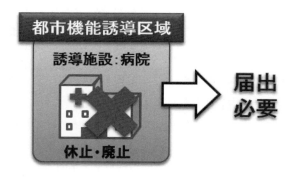

Q 30日前までに届出を求めることとした理由は何か。

A 例えば、病院や大規模商業施設が撤退する際に、休廃止の事前情報がなかったため、既存設備が取り壊され、これらを活用することができず、新たな誘導施設の誘致に時間と費用を要す等の課題が生じるおそれがある。

本制度は、市町村が都市機能誘導区域内に存する商業施設、医療施設等の誘導施設の休廃止の動きを事前に把握することにより、撤退前に、他の事業者の誘致を始める等の取組みができるよ

Ⅱ　誘導すべき施設（商業施設、医療施設等）の休廃止届出制度の創設

うにしようとするものとされており、30日前までに届出をもらうことで、休廃止の動きを事前に把握し、その時点で撤退後の設備を利用した誘致を行うことができることとされた。

Q 小規模な病院や商店も届出の対象となるのか。

A 市町村が作成する立地適正化計画が、小さな商店や診療所など、小規模な施設も誘導施設として位置付けている場合には、本制度の届出対象となる。

　市町村においては、「「都市再生特別措置法等の一部を改正する法律」の公布について」（平成30年4月25日国土交通省都市局都市計画課長通達）も参照し、管内の誘導施設運営者に対し、関係団体を通じる等により本制度の内容及び趣旨について周知を図り、適切に運用が図られるようにすることが期待されている（P179参照）。

Q 同一の医療法人が、誘導施設である病院を廃止し、介護施設に転用する場合には、本制度の届出は必要となるのか。

A 病院を介護施設に転用する場合には、誘導施設の設置主体が同一の場合であっても、本制度に基づく届出の対象となる。

第4章 都市機能のマネジメント

Q 誘導施設である病院の一部を、介護施設に転用する場合には、本制度の届出は必要となるのか（同一の建築物の中に、病院と介護施設が存在）。

A 誘導施設である病院の機能を廃止しないのであれば、本制度の届出の対象とはならない。ただし、市町村が定める立地適正化計画において、誘導施設として「〇床以上の病院」が定められている際に、転用によりその基準を下回る病院となる場合には、本制度の届出の対象となる。

Q 届出義務が生じる誘導施設を明確にするため、それらの施設をどのように立地適正化計画に定めることが適当であると考えられるか。

A 届出義務が生じる誘導施設であることを明確にするため、市町村が立地適正化計画において誘導施設を定める場合には、例えば、「病院の床面積の合計が〇m^2以上の病院」などのように、対象となる施設の詳細（規模、種類等）についても定めることが望ましいと考えられている。

Ⅱ　誘導すべき施設（商業施設、医療施設等）の休廃止届出制度の創設

Q 誘導施設を休止する場合の届出をする際に、その後、当該誘導施設を廃止する可能性がある場合には、その旨を休止の届出とあわせて市町村長に届け出ることは可能か。

A 可能である。誘導施設の休廃止に係る届出義務が生じる者の過度な負担とならないよう、柔軟に制度を運用することが求められる。

Q 助言や勧告の具体的な内容は何か。

A 助言の例としては当該施設への入居候補者を紹介すること、勧告の例としては新たな誘導施設の入居先として活用するため、建築物の取り壊しの中止や、柵を設けるなど建築物の安全を確保する措置を要請すること等が想定される。

Q 届出をしない場合の罰則があるのか。

A 本制度は、市町村が都市機能誘導区域内に存する誘導施設の休廃止の動きを事前に把握することにより、撤退前に、他の事業者の誘致を始める等の取組みができるようにしようとするものであるため、これに違反した場合の罰則は措置されていない。

第5章

都市の遊休空間の活用による安全性・利便性の向上

改正法においては、これまで述べてきた都市のスポンジ化対策に限らず、都市の遊休空間の活用による安全性・利便性の向上のための改正も盛り込まれているところであり、これらの改正の趣旨についてご紹介する。

> Ⅰ　公共公益施設の転用の柔軟化・・・・・・・143
> Ⅱ　駐車施設の附置義務の適正化・・・・・・・153
> Ⅲ　立体道路制度の適用対象の拡充・・・・・・157
> Ⅳ　都市再生整備計画と歴史的風致維持向上計画のワンストップ化特例・・・・・・・・・・・160

Ⅰ 公共公益施設の転用の柔軟化

【都市再生特別措置法】

（都市再生事業等を行おうとする者による都市計画の決定等の提案）

第37条　都市再生事業又は都市再生事業の施行に関連して必要となる公共公益施設の整備に関する事業（以下「都市再生事業等」という。）を行おうとする者は、都市計画法第15条第１項の都道府県若しくは市町村若しくは同法第87条の２第１項の指定都市（同法第22条第１項の場合にあっては、同項の国土交通大臣又は市町村）又は第51条第１項の規定に基づき都市計画の決定若しくは変更をする市町村（以下「都市計画決定権者」と総称する。）に対し、当該都市再生事業等を行うために必要な次に掲げる都市計画の決定又は変更をすることを提案することができる。この場合においては、当該提案に係る都市計画の素案を添えなければならない。

　一～九　（略）

２　前項の規定による提案（以下「計画提案」という。）は、当該都市再生事業等に係る土地の全部又は一部を含む一団の土地の区域について、次に掲げるところに従って、国土交通省令で定めるところにより行うものとする。

　一～三　（略）

３　（略）

（都市再生事業等に係る認可等に関する処理期間）

第42条　都市再生事業等を行おうとする者が国土交通省令で定めるところにより当該都市再生事業等を施行するために必要な次に掲げ

143

る認可、認定又は承認(以下この節において「認可等」という。)の申請を行った場合においては、当該認可等に関する処分を行う行政庁は、当該申請を受理した日から3月以内で認可等ごとに政令で定める期間以内において速やかに当該処分を行うものとする。

一~四　(略)

(計画提案を行った場合における都市再生事業等に係る認可等の申請の特例)

第43条　都市再生事業等を行おうとする者は、その日以前に都市計画決定権者に計画提案を行っており、かつ、いまだ当該計画提案を踏まえた都市計画についての決定若しくは変更の告示又は第40条第1項の通知(以下「計画提案を踏まえた都市計画決定告示等」という。)が行われていないときは、国土交通省令で定めるところにより、計画提案を行っている旨及び当該計画提案に係る都市計画の素案を示して認可等の申請を行うことができる。

2~4　(略)

(都市再生事業等に係る認可等に関する意見の申出)

第45条　認可等に関する処分について、都市再開発法第7条の9第3項その他の法令の規定により意見を聴かれた者は、行政庁が第42条又は前条の処理期間中に当該認可等に関する処分を行うことができるよう、速やかに意見の申出を行わなければならない。

> 令

(法第20条第1項の政令で定める都市再生事業の規模)

第7条　(略)

2　法第37条に規定する提案並びに法第42条及び第43条第1項に規定する申請に係る都市計画等の特例(次項において単に「都市計画等の特例」という。)の対象となる都市再生事業についての法第20

条第１項の政令で定める規模は、0.5ヘクタールとする。
3　都市計画等の特例の対象となる関連公共公益施設整備事業（都市再生事業の施行に関連して必要となる公共公益施設の整備に関する事業をいう。）に係る当該都市再生事業についての法第20条第１項の政令で定める規模は、0.5ヘクタールとする。

> 規則

（都市再生事業等を行おうとする者による都市計画の決定等の提案）

第７条　法第37条第２項の規定により計画提案を行おうとする者は、氏名及び住所（法人にあっては、その名称及び主たる事務所の所在地）を記載した提案書に次に掲げる図書を添えて、これらを都市計画決定権者に提出しなければならない。

一　都市再生事業を行うために必要な都市計画の決定又は変更をすることを提案する場合にあっては、次に掲げる図書

　イ　当該都市計画の素案

　ロ　別記様式第５による当該都市再生事業に関する計画書

　ハ　当該都市再生事業に関する次に掲げる図書

　　（１）　方位、道路及び目標となる地物並びに事業区域を表示した付近見取図

　　（２）　縮尺、方位、事業区域、敷地の境界線、敷地内における建築物の位置及び事業区域内に整備する公共施設の配置を表示した事業区域内に建築する建築物の配置図

　　（３）　縮尺、方位及び間取りを表示した建築する建築物の各階平面図

　　（４）　縮尺を表示した建築する建築物の２面以上の立面図

二　法第37条第２項第２号の同意を得たことを証する書類

ホ　法第37条第２項第３号に定めるところにより環境影響評価法（平成９年法律第81号）第27条に規定する公告を行ったことを証する書類
　二　関連公共公益施設整備事業を行うために必要な都市計画の決定又は変更をすることを提案する場合にあっては、次に掲げる図書
　　イ　当該都市計画の素案
　　ロ　別記様式第５の２による当該関連公共公益施設整備事業に関する計画書
　　ハ　当該関連公共公益施設整備事業の事業区域を表示した図面その他必要な図面
　　ニ　当該関連公共公益施設整備事業に係る都市再生事業に関する次に掲げる図書
　　　（１）　方位、道路及び目標となる地物並びに事業区域を表示した付近見取図
　　　（２）　縮尺、方位、事業区域、敷地の境界線、敷地内における建築物の位置及び事業区域内の当該都市再生事業に係る公共施設の配置を表示した事業区域内の当該都市再生事業に係る建築物の配置図
　　　（３）　縮尺、方位及び間取りを表示した当該都市再生事業に係る建築物の各階平面図
　　　（４）　縮尺を表示した当該都市再生事業に係る建築物の２面以上の立面図
　　ホ　前号ニ及びホに掲げる書類
２　前項第２号ニの規定にかかわらず、都市計画決定権者は、同号ニに掲げる図書の添付の必要がないと認めるときは、これを省略させることができる。

（都市再生事業等に係る認可等の申請）

第8条　法第42条又は第43条第１項の規定により認可、認定又は承認（以下「認可等」という。）の申請を行おうとする者は、申請書に<u>次に掲げる図書</u>を添付して、これを当該認可等に関する処分を行う行政庁に提出しなければならない。

<u>一　都市再生事業を施行するために必要な認可等の申請を行おうとする場合にあっては、前条第１項第１号ロ及びハに掲げる図書（法第42条第１号に掲げる認可又は認定の申請を行おうとする場合にあっては、前条第１項第１号ロに掲げる図書）</u>

<u>二　関連公共公益施設整備事業を施行するために必要な認可等の申請を行おうとする場合にあっては、前条第１項第２号ロからニまでに掲げる図書</u>

<u>２　前項第２号の規定にかかわらず、当該認可等に関する処分を行う行政庁は、前条第１項第２号ニに掲げる図書の添付の必要がないと認めるときは、これを省略させることができる。</u>

様式第５の２（第７条第１項第２号ロ関係）

関連公共公益施設整備事業に関する計画書

1　関連公共公益施設整備事業の名称
2　関連公共公益施設整備事業の目的
3　関連公共公益施設整備事業の事業区域
　（１）　位置
　（２）　面積　　　　　　m²
4　関連公共公益施設整備事業の概要
5　工事着手の時期及び事業施行期間

［事業の着手の予定年月日］	年	月	日
［事業の完了の予定年月日］	年	月	日

6　資金計画

内　　　訳	金　　額（百万円）
支出	用　　　　地　　　　費 除　　　　却　　　　費 整　　　　地　　　　費 建　　　　築　　　　費 事　　　　務　　　　費 借　入　金　利　息 ○　　　　○　　　　○	
	計	
収入	自　　己　　資　　金 借　　　入　　　金 （　借　　入　　先　） ○　　　　○　　　　○	（　　　　　　　　　）
	計	

7　関連公共公益施設整備事業に係る都市再生事業の名称

8　当該都市再生事業の目的

9　当該都市再生事業の事業区域

　（１）　位置

　（２）　面積　　　　　m²

10　当該都市再生事業の概要

　（１）　建築物の建築面積等

建築物番号	階数	高さ	建築面積	延べ面積	敷地面積	延べ面積の敷地面積に対する割合	建築面積の敷地面積に対する割合
		m	m²	m²	m²		
		m	m²	m²	m²		
		m	m²	m²	m²		

Ⅰ　公共公益施設の転用の柔軟化

合計			m²	m²	m²		

注1　［建築物番号］の欄には、添付する当該都市再生事業の事業区域内の当該都市再生事業に係る建築物の配置図において建築物ごとに付した番号を記入してください。
　2　［階数］の欄には地階を除く階数を記入してください。

（2）　建築物の構造方法、設備及び用途

［建築物番号］
［構造方法］
［設備］
［用途］

注1　すべての当該都市再生事業に係る建築物について建築物ごとに作成してください。
　2　［構造方法］の欄には、［鉄骨鉄筋コンクリート造・鉄筋コンクリート造・その他］の別を記入してください。
　3　［設備］の欄には、設置に係る設備ごとに構造等を記入してください。
　4　［用途］の欄には、建築基準法施行規則別紙の表の用途の区分に従い用途をできるだけ具体的に記入してください。

11　当該都市再生事業に係る公共施設の種類及び規模

［公共施設番号］
［公共施設の種類］
［公共施設の規模］

注1　［公共施設番号］の欄には、添付する当該都市再生事業の事業区域内の当該都市再生事業に係る建築物の配置図において公共施設ごとに付した番号を記入してください。
　2　すべての当該都市再生事業に係る公共施設について公共施設ご

とに作成してください。
　3　［公共施設の規模］の欄には、公共施設の規模を公共施設の種類に応じて適宜記入してください。

＜本条の趣旨＞

　都市再生法第37条から第41条までの規定において、都市再生事業を行おうとする者による都市計画の決定等の提案制度が設けられている。提案の効果として、都市計画決定権者の判断義務や処理期間の特例等の規定が設けられている。

※　都市再生事業：都市再生緊急整備地域内における都市開発事業であって、当該都市再生緊急整備地域の地域整備方針に定められた都市機能の増進を主たる目的とし、施行面積が政令で定める規模（原則として１ha）以上のもの（都市再生法第20条第１項）

　現行制度においては、都市計画の決定等の提案主体は都市再生事業を行おうとする者に限られているが、民間事業者による公共貢献の一環として、都市再生事業の施行にあわせてその隣接地に公共公益施設（例：広場）の整備を行うといったケースも多く見受けられるところである。

　また、都市再生事業又はその施行にあわせた事業により整備された公共公益施設（例：公園）を都市再生事業によらず新たな公共公益施設（例：観光バス乗降場）に再整備する事業についても、具体の案件として現実に想定されるところである。

　このため、今般の改正において、都市再生事業の施行に関連して必要となる公共公益施設の整備に関する事業を行おうとする者についても、都市計画の決定等の提案主体として追加することとされた（都市再生法第37条第１項）。

　さらに、現行の都市再生事業については、民間事業者からの都市

I 公共公益施設の転用の柔軟化

再生事業に係る都市計画の決定等の提案制度の導入とあわせて、
1) 都市再生事業の実施のために必要な一定の認可等について、その申請から処分が行われるまでの期間を明示すること
2) 提案を受けた都市計画の手続と必要な市街地開発事業等に係る認可等の手続を並行して進めることにより、手続全体にかかる時間の短縮化を図ること

等の措置が講じられている（都市再生法第42条から第45条まで）。

今般追加することとしている都市再生事業の施行に関連して必要となる公共公益施設の整備に関する事業についても、都市再生事業と同様、その計画的な推進が求められるものであるため、都市再生事業に係る認可等に関する処理期間（都市再生法第42条）、計画提案を行った場合における都市再生事業に係る認可等の申請の特例（都市再生法第43条）、計画提案を行った場合における認可等に関する処理期間（都市再生法第44条）、都市再生事業に係る認可等に関する意見の申出（都市再生法第45条）の対象として追加することとされた。

参考

都市再生法第19条の2第2項第2号に規定する整備計画の記載事項には、
① 都市開発事業（同号イ）
② 都市開発事業の施行に併せて行われる都市開発事業外の公共公益施設整備事業（同号ロ）
のほか、
③ ①又は②により整備された公共公益施設を再整備する事業（同号ロ）
を記載することが可能とされる。

整備計画に記載された当該事業の内容を実現する上で支障となる都市計画が定められている場合には、都市計画決定権者は遅滞なく当該都市計画を変更しなければならないこととなるが、変更後の都市計画については、「社会経済情勢の変化に対応した都市再生特別地区の運用の柔軟化について（平成29年11月20日付け国都計第94号）」の趣旨を踏まえ、許容されうる包括的な用途を記載することも考えられる。

Ⅱ 駐車施設の附置義務の適正化

【都市再生特別措置法】

(都市再生駐車施設配置計画)
第19条の13　協議会は、都市再生緊急整備地域内の区域について、商業施設、業務施設その他の自動車の駐車需要を生じさせる程度の大きい用途の施設の集積の状況、当該施設の周辺における道路の交通の状況、公共交通機関の利用の状況その他の事情を勘案し、一般駐車施設（駐車施設（駐車場法（昭和32年法律第106号）第20条第１項に規定する駐車施設をいう。以下同じ。）のうち人の運送の用に供する自動車の駐車を主たる目的とするものをいう。）、荷さばき駐車施設（駐車施設のうち貨物の運送の用に供する自動車の駐車及び貨物の積卸しを主たる目的とするものをいう。）その他の駐車施設の種類ごとに駐車施設を適切な位置及び規模で配置することが当該都市再生緊急整備地域の都市機能の増進を図るため必要であると認めるときは、地域整備方針に基づき、駐車施設の種類ごとの配置に関する計画（以下「都市再生駐車施設配置計画」という。）を作成することができる。
２　都市再生駐車施設配置計画には、次に掲げる事項を記載するものとする。
　一　都市再生駐車施設配置計画の区域（以下この節において「計画区域」という。）
　二　駐車場法第20条第１項若しくは第２項又は第20条の２第１項に規定する者が設けるべき駐車施設の種類並びに当該種類ごとの駐車施設の位置及び規模に関する事項

3　都市再生駐車施設配置計画においては、前項第2号の駐車施設の位置については計画区域における安全かつ円滑な交通が確保されるように、同号の駐車施設の規模については計画区域における駐車施設の種類ごとの需要が適切に充足されるように定めるものとする。

4　都市再生駐車施設配置計画は、国の関係行政機関等の長の全員の合意により作成するものとする。

5　協議会は、都市再生駐車施設配置計画を作成したときは、遅滞なく、これを公表しなければならない。

6　第2項から前項までの規定は、都市再生駐車施設配置計画の変更について準用する。

（駐車施設の附置に係る駐車場法の特例）

第19条の14　都市再生駐車施設配置計画に記載された計画区域（駐車場法第20条第1項の地区若しくは地域又は同条第2項の地区の区域内に限る。）内における同条第1項及び第2項並びに同法第20条の2第1項の規定の適用については、同法第20条第1項中「近隣商業地域内に」とあるのは「近隣商業地域内の計画区域（都市再生特別措置法第19条の13第2項第1号に規定する計画区域をいう。以下同じ。）の区域内に」と、「その建築物又はその建築物の敷地内に」とあるのは「都市再生駐車施設配置計画（同条第1項に規定する都市再生駐車施設配置計画をいう。以下同じ。）に記載された同条第2項第2号に掲げる事項の内容に即して」と、「駐車場整備地区内又は商業地域内若しくは近隣商業地域内の」とあるのは「計画区域の区域内の」と、同条第2項中「地区内」とあるのは「地区内の計画区域の区域内」と、同項及び同法第20条の2第1項中「その建築物又はその建築物の敷地内に」とあるのは「都市再生駐車施設配置計画に記載された都市再生特別措置法第19条の13第2項第2号に掲げる事項の内容に即して」と、同項中「前条第1

> 項の地区若しくは地域内又は同条第２項の地区内」とあるのは「前条第１項又は第２項の計画区域の区域内」と、「地区又は地域内の」とあり、及び「地区内の」とあるのは「計画区域の区域内の」とする。

＜本条の趣旨＞

　駐車場法（昭和32年法律第106号）の規定に基づき、地方公共団体は、駐車場整備地区等の地域内において、延べ面積が2,000m²以上で条例で定める規模以上の建築物を新築等しようとする者に対し、条例で、その建築物又はその建築物の敷地内に駐車施設を設けなければならない旨を定めることができることとされている（駐車場法第20条及び第20条の２）（いわゆる附置義務条例）。

　都市再生緊急整備地域の一般的な傾向として、商業施設等の集積により、多くの歩行者や自動車が通行する道路が存在し、また、限られた土地に商業施設等が稠密していることにより車線が少なく幅の狭い道路が存在するという状況が見受けられる。しかしながら、附置義務条例は建築物の位置にかかわらず駐車場整備を求めるものであることから、これらの道路に面した建築物についても当該建築物又はその敷地内に駐車施設を設けなければならず、当該駐車施設に出入りする自動車によって歩行者及び自動車の安全かつ円滑な交通が阻害されるという事態が生じている。

　また、都市再生緊急整備地域には商業施設等が集積しているところ、商業施設等へのアクセスには公共交通機関を利用する者が大部分を占めることから、一般駐車施設の需要は少ないものとなり供給の余剰が生じがちである一方で、商業施設等においては多くの商品等の搬出入が行われることから、荷さばき駐車施設の需要は多いものとなり供給の不足が生じがちであるなど、駐車施設の種類ごとの

需給バランスの偏りが顕著であるにもかかわらず、附置義務条例は駐車施設の規模を一律に定めるものとなっていることから、都市再生緊急整備地域における効率的な駐車機能の確保に支障が生じている。

このため、都市再生緊急整備地域においては、駐車施設の位置及び規模を一律に定めるのではなく、駐車施設の種類ごとにその位置及び規模をきめ細かく定めることが求められる。そして、このことは、駐車施設を歩行者及び自動車の通行を妨げない位置に設けることによる、安全かつ円滑な交通の確保や余剰となりがちな一般駐車施設の供給量（規模）を抑制することによる、商業施設や荷さばき駐車施設等を整備するための空間の創出の実現、すなわち当該都市再生緊急整備地域における都市機能の増進につながるものである。

しかしながら、現行制度において、附置義務条例でそのようなきめ細かい駐車施設の位置及び規模を定めることには限界がある。この点、都市再生緊急整備協議会は、附置義務条例制定権者を含む関係地方公共団体のほか、道路管理者や警察を含む国の関係行政機関、都市開発事業を施行する民間事業者、建築物の所有者など、関係者が広く参画する組織であることから、都市再生緊急整備地域の事情を仔細に把握して駐車施設の位置及び規模をきめ細かく定めるために必要な協議を行うことができる存在であると考えられる。

このため、都市再生緊急整備地域においては、都市再生緊急整備協議会が、駐車施設の種類ごとの配置に関する計画を作成することができることとし、当該計画が作成された場合には、附置義務条例において、その計画内容に即して駐車施設を設けなければならない旨を定めなければならないこととされた（都市再生法第19条の13及び第19条の14）。

Ⅲ 立体道路制度の適用対象の拡充

【都市計画法】

> （道路の上空又は路面下において建築物等の建築又は建設を行うための地区整備計画）
> 第12条の11　地区整備計画においては、第12条の５第７項に定めるもののほか、市街地の環境を確保しつつ、適正かつ合理的な土地利用の促進と都市機能の増進とを図るため、道路（都市計画において定められた計画道路を含む。）の上空又は路面下において建築物等の建築又は建設を行うことが適切であると認められるときは、当該道路の区域のうち、建築物等の敷地として併せて利用すべき区域を定めることができる。この場合においては、当該区域内における建築物等の建築又は建設の限界であつて空間又は地下について上下の範囲を定めるものをも定めなければならない。

＜本条の趣旨＞

　これまで地区整備計画においては、適正かつ合理的な土地利用の促進を図るため、以下の道路に限って、当該道路の上空又は路面下において建築物等の建築等を行うことを可能とするよう地区整備計画の記載事項を定めていた（都市計画法第12条の11）。

1　自動車専用道路
2　特定高架道路等（高架の道路その他の道路であって自動車の沿道への出入りができない構造のものとして政令で定める基準に該当するもの）

　自動車専用道路は法令上自動車の沿道への出入りができないため、また、特定高架道路等は構造上自動車の沿道への出入りができ

ないため、いずれの道路も沿道の土地利用から独立しており、沿道建築物は通常、これら以外の道路（一般道路）に接することが建築基準法上必要となる。

このため、自動車専用道路及び特定高架道路等は、当該道路の上空又は路面下を立体的に利用したとしても、防災上の支障や市街地環境の悪化を及ぼすおそれはないことから、現行の立体道路制度では、これらの道路のみを対象として、道路上空等の利用を認めてきたところである。

コンパクトなまちづくりの実現を図る上では、住民生活に必要な商業、医療、子育て支援、看護・介護等の都市機能を市街地の中心拠点に集約立地させていくことが必要となるが、例えば、病院等の医療機関については、建替えの際に用地が確保できないことなどを背景に郊外立地するケースが多くなっている。このような状況を改善し、中心市街地に適切な都市機能を誘導するためには、既成市街地における既存の一般道路上の建築を許容することにより、施設の立地に必要なまとまったフロアを確保することが必要となる。

また、中心市街地の土地利用が整序されておらず道路専用の土地を確保する余地がない場合、都市機能の集約を図る再開発にあわせて建築物下に道路を新設することにより、中心市街地における交通ネットワークの向上が図られる場合がある。

こうした観点も含め、立体道路制度の一般道路への拡充について、地方公共団体から既存の駅前広場等の上空利用や既存道路を挟んだ敷地の共同化、バリアフリーや回遊性向上等のニーズが示されている。

このため、自動車専用道路や特定高架道路等に限らず、これらの道路以外の道路の上空又は路面下においても建築物等の建築等を行うことができるよう、地区整備計画に定める事項を拡充することとと

Ⅲ 立体道路制度の適用対象の拡充

された（都市計画法第12条の11）。

ただし、自動車専用道路や特定高架道路等以外の道路の上空又は路面下を立体的に利用した場合であっても、当該利用により避難上の支障や周辺建築物に係る日照阻害が生じることのないよう、都市計画法第12条の11に「市街地の環境の確保」の要件を追加することとされた。

また、例えば一般の住宅地や稠密な細街路内部で単に小規模な建築物の敷地統合が図られるような立体道路制度の活用は不適当であり、駅前広場と拠点施設等の施設整備と建築物の合理的な整備が図られる、街区をまたぐことで大規模なフロア面積を確保できる又は掘割の道路の上空をつなぐことで歩行経路を確保できるといった政策効果の高い場合に限定するため、都市計画法第12条の11に「都市機能の増進」の要件を追加することとされた。

Ⅳ 都市再生整備計画と歴史的風致維持向上計画のワンストップ化特例

【都市再生特別措置法】

（都市再生整備計画）

第46条 （略）

2〜13　（略）

<u>14　第２項第２号イ若しくはヘに掲げる事業に関する事項又は同項第３号に掲げる事項には、歴史的風致維持向上施設（地域における歴史的風致の維持及び向上に関する法律（平成20年法律第40号。以下「地域歴史的風致法」という。）第３条に規定する歴史的風致維持向上施設をいう。第62条の３第１項において同じ。）の整備に関する事業に関する事項を記載することができる。</u>

<u>15</u>〜<u>20</u>　（略）

<u>**第62条の３**　国土交通大臣は、第47条第１項の規定による都市再生整備計画（第46条第14項に規定する事項が記載されたものに限る。）の提出（第３項において「都市再生整備計画の提出」という。）に併せて地域歴史的風致法第５条第１項の規定による歴史的風致維持向上計画（同条第２項第３号ロに掲げる事項として歴史的風致維持向上施設整備事項（第46条第14項に規定する事項に係る歴史的風致維持向上施設の整備に関する事項をいう。第３項において同じ。）が記載されたものに限る。）の認定の申請があった場合においては、遅滞なく、当該歴史的風致維持向上計画の写しを文部科学大臣及び農林水産大臣に送付するものとする。</u>

<u>2　文部科学大臣及び農林水産大臣が前項の規定による歴史的風致維</u>

持向上計画の写しの送付を受けたときは、当該歴史的風致維持向上計画について、文部科学大臣及び農林水産大臣に対する地域歴史的風致法第5条第1項の規定による認定の申請があったものとみなす。
3　前2項の規定は、都市再生整備計画の提出に併せて地域歴史的風致法第7条第1項の規定による歴史的風致維持向上計画の変更の認定の申請（地域歴史的風致法第5条第2項第3号ロに掲げる事項として歴史的風致維持向上施設整備事項を記載する変更に係るものに限る。）があった場合について準用する。この場合において、前項中「第5条第1項の規定による認定の申請」とあるのは、「第7条第1項の規定による変更の認定の申請」と読み替えるものとする。

＜本条の趣旨＞

　都市再生法第47条第2項の交付金（社会資本整備総合交付金）を充てて地域における歴史的風致の維持及び向上に関する法律（平成20年法律第40号。以下「地域歴史的風致法」という。）第3条に規定する歴史的風致維持向上施設の整備を行おうとする市町村は、国土交通大臣に対する都市再生整備計画の提出（都市再生法第47条第1項）と並行して、地域歴史的風致法における主務大臣（文部科学大臣、農林水産大臣及び国土交通大臣）に対する歴史的風致維持向上計画の認定又は変更の認定の申請（地域歴史的風致法第5条第1項及び第7条第1項）を行う必要がある。

　昨今、都市においては、観光客が歴史的な建造物等を周遊する際に休憩できる広場の整備や周遊しやすい歩行空間の整備（無電柱化等）など、歴史的資源を核とした面的なまちづくりを一層推進するニーズの高まりがみられる。

　市町村が、こうした歴史的資源を核とした面的なまちづくりを進

めるに当たり歴史的風致維持向上施設の整備を行う場合には、社会資本整備総合交付金を充てることが見込まれることから、今般、都市再生整備計画の提出と歴史的風致維持向上計画の認定申請のワンストップ化により手続の簡素化を図ることとされた。

　具体的には、国土交通大臣は、歴史的風致維持向上施設の整備事業に関する事項が記載された都市再生整備計画の提出にあわせて歴史的風致維持向上計画（当該歴史的風致維持向上施設の整備に関する事項が記載されたものに限る。）の認定の申請があった場合においては、遅滞なく、当該歴史的風致維持向上計画の写しを文部科学大臣及び農林水産大臣に送付するものとし、当該送付をもって、これらの者に対する地域歴史的風致法第５条第１項の規定による認定の申請があったものとみなすこととされた（都市再生法第46条第14項並びに第62条の３第１項及び第２項）。

　上記については、地域歴史的風致法第７条第１項の規定による歴史的風致維持向上計画の変更の認定の申請について準用することとされた（都市再生法第62条の３第３項）。

第6章

参考資料

1．都市再生特別措置法等の一部を改正する法律（平成30年法律第22号）による改正後の建築基準法（昭和25年法律第201号）

（敷地等と道路との関係）
第43条　建築物の敷地は、道路（次に掲げるものを除く。第44条第1項を除き、以下同じ。）に2メートル以上接しなければならない。ただし、その敷地の周囲に広い空地を有する建築物その他の国土交通省令で定める基準に適合する建築物で、特定行政庁が交通上、安全上、防火上及び衛生上支障がないと認めて建築審査会の同意を得て許可したものについては、この限りでない。
　一　（略）
　二　地区計画の区域（地区整備計画が定められている区域のうち都市計画法第12条の11の規定により建築物その他の工作物の敷地として併せて利用すべき区域として定められている区域に限る。）内の道路
2　（略）

（道路内の建築制限）
第44条　建築物又は敷地を造成するための擁壁は、道路内に、又は道路に突き出して建築し、又は築造してはならない。ただし、次の各号のいずれかに該当する建築物については、この限りでない。
　一・二　（略）
　三　第43条第1項第2号の道路の上空又は路面下に設ける建築物のうち、当該道路に係る地区計画の内容に適合し、かつ、政令で定める基準に適合するものであつて特定行政庁が安全上、防火上及び衛生上支障がないと認めるもの
　四　（略）
2　（略）

※　上記改正の施行に伴い、建築基準法施行令（昭和25年政令第338号）第144条の5及び建築基準法施行規則（昭和25年建設省令第40号）第10条の3を削除。

2．都市再生特別措置法等の一部を改正する法律（平成30年法律第22号）（抄）

　　附　則
（施行期日）
1　この法律は、公布の日から起算して3月を超えない範囲内において政令で定める日から施行する。
（政令への委任）
2　この法律の施行に関し必要な経過措置は、政令で定める。

（検討）

3 政府は、この法律の施行後５年を経過した場合において、第１条から第３条までの規定による改正後の規定の施行の状況について検討を加え、必要があると認めるときは、その結果に基づいて必要な措置を講ずるものとする。

（首都直下地震対策特別措置法の一部改正）

4 首都直下地震対策特別措置法（平成25年法律第88号）の一部を次のように改正する。

第20条中「第19条の13第１項」を「第19条の15第１項」に、「第19条の15から第19条の18まで」を「第19条の17から第19条の20まで」に、「第19条の15第１項」を「第19条の17第１項」に、「第19条の13第２項第２号」を「第19条の15第２項第２号」に、「第19条の13第５項」を「第19条の15第５項」に、「第19条の16第１項」を「第19条の18第１項」に、「第19条の17第１項」を「第19条の19第１項」に、「第19条の18第１項」を「第19条の20第１項」に改める。

３．都市再生特別措置法等の一部を改正する法律の施行期日を定める政令（平成30年政令第201号）

内閣は、都市再生特別措置法等の一部を改正する法律（平成30年法律第22号）附則第１項の規定に基づき、この政令を制定する。

都市再生特別措置法等の一部を改正する法律の施行期日は、平成30年７月15日とする。

４．都市再生特別措置法等の一部を改正する法律の施行に伴う関係政令の整備に関する政令（平成30年政令第202号）（抄）

　　　附　則

この政令は、都市再生特別措置法等の一部を改正する法律の施行の日（平成30年７月15日）から施行する。

５．都市再生特別措置法等の一部を改正する法律の施行に伴う国土交通省関係省令の整備に関する省令（平成30年国土交通省令第58号）（抄）

　　　附　則

この省令は、都市再生特別措置法等の一部を改正する法律の施行の日（平成30年７月15日）から施行する。

6．都市再生特別措置法等の一部を改正する法律（平成30年法律第22号）読替表

○都市再生特別措置法第19条の14の規定による駐車場法第20条及び第20条の2の規定の読替え
（傍線部分は読替部分）

読替後	読替前
（建築物の新築又は増築の場合の駐車施設の附置） 第20条　地方公共団体は、駐車場整備地区内又は商業地域内若しくは<u>近隣商業地域内の計画区域（都市再生特別措置法第19条の13第2項第1号に規定する計画区域をいう。以下同じ。）の区域内</u>において、延べ面積が2000平方メートル以上で条例で定める規模以上の建築物を新築し、延べ面積が当該規模以上の建築物について増築をし、又は建築物の延べ面積が当該規模以上となる増築をしようとする者に対し、条例で、<u>都市再生駐車施設配置計画（同条第1項に規定する都市再生駐車施設配置計画をいう。以下同じ。）に記載された同条第2項第2号に掲げる事項の内容に即して自動車の駐車のための施設</u>（以下「駐車施設」という。）を設けなければならない旨を定めることができる。劇場、百貨店、事務所その他の自動車の駐車需要を生じさせる程度の大きい用途で政令で定めるもの（以下「特定用途」という。）に供する部分のある建築物で特定用途に供する部分（以下「特定部分」という。）の延べ面積が当該<u>計画区域の区域内</u>の道路及び自動車交通の状況を勘案して条例で定める規模以上のものを新築し、特定部分の延べ面積が当該規模以上の建築物について特定用途に係る増築をし、又は建築物の特定部分の延べ面積が当該規模以上と	（建築物の新築又は増築の場合の駐車施設の附置） 第20条　地方公共団体は、駐車場整備地区内又は商業地域内若しくは<u>近隣商業地域内</u>において、延べ面積が2000平方メートル以上で条例で定める規模以上の建築物を新築し、延べ面積が当該規模以上の建築物について増築をし、又は建築物の延べ面積が当該規模以上となる増築をしようとする者に対し、条例で、<u>その建築物又はその建築物の敷地内に自動車の駐車のための施設</u>（以下「駐車施設」という。）を設けなければならない旨を定めることができる。劇場、百貨店、事務所その他の自動車の駐車需要を生じさせる程度の大きい用途で政令で定めるもの（以下「特定用途」という。）に供する部分のある建築物で特定用途に供する部分（以下「特定部分」という。）の延べ面積が当該<u>駐車場整備地区内又は商業地域内若しくは近隣商業地域内</u>の道路及び自動車交通の状況を勘案して条例で定める規模以上のものを新築し、特定部分の延べ面積が当該規模以上の建築物について特定用途に係る増築をし、又は建築物の特定部分の延べ面積が当該規模以上となる増築をしようとする者に対しては、当該新築又は増築後の当該建築物の延べ面積が2000平方メートル未満である場合においても、同様とする。

なる増築をしようとする者に対しては、当該新築又は増築後の当該建築物の延べ面積が2000平方メートル未満である場合においても、同様とする。

2　地方公共団体は、駐車場整備地区若しくは商業地域若しくは近隣商業地域の周辺の都市計画区域内の地域（以下「周辺地域」という。）内で条例で定める<u>地区内の計画区域の区域内</u>、又は周辺地域、駐車場整備地区並びに商業地域及び近隣商業地域以外の都市計画区域内の地域であつて自動車交通の状況が周辺地域に準ずる地域内若しくは自動車交通がふくそうすることが予想される地域内で条例で定める<u>地区内の計画区域の区域内</u>において、特定部分の延べ面積が2000平方メートル以上で条例で定める規模以上の建築物を新築し、特定部分の延べ面積が当該規模以上の建築物について特定用途に係る増築をし、又は建築物の特定部分の延べ面積が当該規模以上となる増築をしようとする者に対し、条例で、<u>都市再生駐車施設配置計画に記載された都市再生特別措置法第19条の13第２項第２号に掲げる事項の内容に即して</u>駐車施設を設けなければならない旨を定めることができる。

3　前２項の延べ面積の算定については、同一敷地内の二以上の建築物で用途上不可分であるものは、これを一の建築物とみなす。

（建築物の用途変更の場合の駐車施設の附置）

第20条の２　地方公共団体は、<u>前条第１項又は第２項の計画区域の区域内</u>において、建築物の部分の用途の変更（以下「用途変更」という。）で、当該用途変更により特定部分の延べ面積が一定規模（同条第１項の<u>計画区域の区域内のもの</u>

2　地方公共団体は、駐車場整備地区若しくは商業地域若しくは近隣商業地域の周辺の都市計画区域内の地域（以下「周辺地域」という。）内で条例で定める<u>地区内</u>、又は周辺地域、駐車場整備地区並びに商業地域及び近隣商業地域以外の都市計画区域内の地域であつて自動車交通の状況が周辺地域に準ずる地域内若しくは自動車交通がふくそうすることが予想される地域内で条例で定める<u>地区内</u>において、特定部分の延べ面積が2000平方メートル以上で条例で定める規模以上の建築物を新築し、特定部分の延べ面積が当該規模以上の建築物について特定用途に係る増築をし、又は建築物の特定部分の延べ面積が当該規模以上となる増築をしようとする者に対し、条例で、<u>その建築物又はその建築物の敷地内</u>に駐車施設を設けなければならない旨を定めることができる。

3　前２項の延べ面積の算定については、同一敷地内の二以上の建築物で用途上不可分であるものは、これを一の建築物とみなす。

（建築物の用途変更の場合の駐車施設の附置）

第20条の２　地方公共団体は、<u>前条第１項の地区若しくは地域内又は同条第２項の地区内</u>において、建築物の部分の用途の変更（以下「用途変更」という。）で、当該用途変更により特定部分の延べ面積が一定規模（同条第１項の<u>地区又は</u>

にあつては特定用途について同項に規定する条例で定める規模、同条第２項の<u>計画区域の区域内</u>のものにあつては同項に規定する条例で定める規模をいう。以下同じ。）以上となるもののために大規模の修繕又は大規模の模様替（建築基準法第２条第14号又は第15号に規定するものをいう。以下同じ。）をしようとする者又は特定部分の延べ面積が一定規模以上の建築物の用途変更で、当該用途変更により特定部分の延べ面積が増加することとなるもののために大規模の修繕又は大規模の模様替をしようとする者に対し、条例で、<u>都市再生駐車施設配置計画に記載された都市再生特別措置法第19条の13第２項第２号に掲げる事項の内容に即して</u>駐車施設を設けなければならない旨を定めることができる。 ２　前条第３項の規定は、前項の延べ面積の算定について準用する。	<u>地域内</u>のものにあつては特定用途について同項に規定する条例で定める規模、同条第２項の<u>地区内</u>のものにあつては同項に規定する条例で定める規模をいう。以下同じ。）以上となるもののために大規模の修繕又は大規模の模様替（建築基準法第２条第14号又は第15号に規定するものをいう。以下同じ。）をしようとする者又は特定部分の延べ面積が一定規模以上の建築物の用途変更で、当該用途変更により特定部分の延べ面積が増加することとなるもののために大規模の修繕又は大規模の模様替をしようとする者に対し、条例で、<u>その建築物又はその建築物の敷地内に</u>駐車施設を設けなければならない旨を定めることができる。 ２　前条第３項の規定は、前項の延べ面積の算定について準用する。

○都市再生特別措置法第62条の３第３項の規定による同条第１項及び第２項の規定の読替え

（傍線部分は読替部分）
（波線部分は当然読替部分）

読替後	読替前
第62条の３　国土交通大臣は、第47条第１項の規定による都市再生整備計画（第46条第14項に規定する事項が記載されたものに限る。）の提出（第３項において「都市再生整備計画の提出」という。）に併せて地域歴史的風致法<u>第７条第１項</u>の規定による<u>歴史的風致維持向上計画の変更の認定の申請</u>（<u>地域歴史的風致法第５条第２項第３号ロに掲げる事項として歴史的風致維持向上施設整備事項を記載する変更に係るものに限る。）</u>があった場合においては、遅滞なく、当該	第62条の３　国土交通大臣は、第47条第１項の規定による都市再生整備計画（第46条第14項に規定する事項が記載されたものに限る。）の提出（第３項において「都市再生整備計画の提出」という。）に併せて地域歴史的風致法<u>第５条第１項</u>の規定による<u>歴史的風致維持向上計画</u>（同条第２項第３号ロに掲げる事項として歴史的風致施設整備事項（第46条第14項に規定する事項に係る歴史的風致維持向上施設の整備に関する事項をいう。第３項において同じ。）が記載さ

歴史的風致維持向上計画の写しを文部科学大臣及び農林水産大臣に送付するものとする。	れたものに限る。）の認定の申請があった場合においては、遅滞なく、当該歴史的風致維持向上計画の写しを文部科学大臣及び農林水産大臣に送付するものとする。
2　文部科学大臣及び農林水産大臣が前項の規定による歴史的風致維持向上計画の写しの送付を受けたときは、当該歴史的風致維持向上計画について、文部科学大臣及び農林水産大臣に対する地域歴史的風致法第7条第1項の規定による変更の認定の申請があったものとみなす。	2　文部科学大臣及び農林水産大臣が前項の規定による歴史的風致維持向上計画の写しの送付を受けたときは、当該歴史的風致維持向上計画について、文部科学大臣及び農林水産大臣に対する地域歴史的風致法第5条第1項の規定による認定の申請があったものとみなす。
3　（略）	3　（略）

○都市再生特別措置法第109条の2第3項の規定による同法第4章第7節（第45条の2第1項及び第2項を除く。）の規定の読替え

（傍線部分は読替部分）
（波線部分は当然読替部分）

読替後	読替前
（立地誘導促進施設協定の締結等）	（都市再生歩行者経路協定の締結等）
第45条の2　都市再生緊急整備地域内の一団の土地の所有者及び建築物等の所有を目的とする地上権又は賃借権（臨時設備その他一時使用のため設定されたことが明らかなものを除く。以下「借地権等」という。）を有する者（土地区画整理法第98条第1項（大都市地域における住宅及び住宅地の供給の促進に関する特別措置法（昭和50年法律第67号。以下「大都市住宅等供給法」という。）第83条において準用する場合を含む。以下同じ。）の規定により仮換地として指定された土地にあっては、当該土地に対応する従前の土地の所有者及び借地権等を有する者。以下この章において「土地所有者等」と総称する。）は、その全員の合意により、当該都市再生緊急整備地域内における都市開発事業の施行に関連	第45条の2　都市再生緊急整備地域内の一団の土地の所有者及び建築物等の所有を目的とする地上権又は賃借権（臨時設備その他一時使用のため設定されたことが明らかなものを除く。以下「借地権等」という。）を有する者（土地区画整理法第98条第1項（大都市地域における住宅及び住宅地の供給の促進に関する特別措置法（昭和50年法律第67号。以下「大都市住宅等供給法」という。）第83条において準用する場合を含む。以下同じ。）の規定により仮換地として指定された土地にあっては、当該土地に対応する従前の土地の所有者及び借地権等を有する者。以下この章において「土地所有者等」と総称する。）は、その全員の合意により、当該都市再生緊急整備地域内における都市開発事業の施行に関連

して必要となる歩行者の移動上の利便性及び安全性の向上のための経路（以下「都市再生歩行者経路」という。）の整備又は管理に関する協定（以下「都市再生歩行者経路協定」という。）を締結することができる。ただし、当該土地（土地区画整理法第98条第１項の規定により仮換地として指定された土地にあっては、当該土地に対応する従前の土地）の区域内に借地権等の目的となっている土地がある場合においては、当該借地権等の目的となっている土地の所有者の合意を要しない。 2　都市再生歩行者経路協定においては、次に掲げる事項を定めるものとする。 　一　都市再生歩行者経路協定の目的となる土地の区域（以下この節において「協定区域」という。）及び都市再生歩行者経路の位置 　二　次に掲げる都市再生歩行者経路の整備又は管理に関する事項のうち、必要なもの 　　イ　前号の都市再生歩行者経路を構成する道路の幅員又は路面の構造に関する基準 　　ロ　前号の都市再生歩行者経路を構成する施設（エレベーター、エスカレーターその他の歩行者の移動上の利便性及び安全性の向上のために必要な設備を含む。）の整備又は管理に関する事項 　　ハ　その他都市再生歩行者経路の整備又は管理に関する事項 　三　都市再生歩行者経路協定の有効期間 　四　都市再生歩行者経路協定に違反した場合の措置 3　<u>立地誘導促進施設協定においては、第109条の２第２項各号に掲げるもののほか、第81条第８項の規定により立地適</u>	して必要となる歩行者の移動上の利便性及び安全性の向上のための経路（以下「都市再生歩行者経路」という。）の整備又は管理に関する協定（以下「都市再生歩行者経路協定」という。）を締結することができる。ただし、当該土地（土地区画整理法第98条第１項の規定により仮換地として指定された土地にあっては、当該土地に対応する従前の土地）の区域内に借地権等の目的となっている土地がある場合においては、当該借地権等の目的となっている土地の所有者の合意を要しない。 2　都市再生歩行者経路協定においては、次に掲げる事項を定めるものとする。 　一　都市再生歩行者経路協定の目的となる土地の区域（以下この節において「協定区域」という。）及び都市再生歩行者経路の位置 　二　次に掲げる都市再生歩行者経路の整備又は管理に関する事項のうち、必要なもの 　　イ　前号の都市再生歩行者経路を構成する道路の幅員又は路面の構造に関する基準 　　ロ　前号の都市再生歩行者経路を構成する施設（エレベーター、エスカレーターその他の歩行者の移動上の利便性及び安全性の向上のために必要な設備を含む。）の整備又は管理に関する事項 　　ハ　その他都市再生歩行者経路の整備又は管理に関する事項 　三　都市再生歩行者経路協定の有効期間 　四　都市再生歩行者経路協定に違反した場合の措置 3　<u>都市再生歩行者経路協定においては、前項各号に掲げるもののほか、都市再生緊急整備地域内の土地のうち、協定区域</u>

正化計画に記載された区域内の土地のうち、<u>協定区域</u>（第109条の2第2項第1号に規定する協定区域をいう。以下この節において同じ。）に隣接した土地であって、協定区域の一部とすることにより<u>立地誘導促進施設</u>（第81条第8項に規定する立地誘導促進施設をいう。以下この節において同じ。）の一体的な整備又は管理に資するものとして協定区域の土地となることを当該協定区域内の土地に係る<u>土地所有者等</u>（第109条の2第1項に規定する土地所有者等をいう。以下この節において同じ。）が希望するもの（以下この節において「協定区域隣接地」という。）を定めることができる。

4　<u>立地誘導促進施設協定</u>は、市町村長の認可を受けなければならない。

（認可の申請に係る<u>立地誘導促進施設協定</u>の縦覧等）

第45条の3　市町村長は、前条第4項の認可の申請があったときは、国土交通省令で定めるところにより、その旨を公告し、当該<u>立地誘導促進施設協定</u>を公告の日から2週間関係人の縦覧に供さなければならない。

2　前項の規定による公告があったときは、関係人は、同項の縦覧期間満了の日までに、当該<u>立地誘導促進施設協定</u>について、市町村長に意見書を提出することができる。

（<u>立地誘導促進施設協定</u>の認可）

第45条の4　市町村長は、第45条の2第4項の認可の申請が次の各号のいずれにも該当するときは、同項の認可をしなければならない。

一　申請手続が法令に違反しないこと。
二　土地又は建築物等の利用を不当に制限するものでないこと。
三　<u>第109条の2第2項各号に掲げる事</u>

に隣接した土地であって、協定区域の一部とすることにより<u>都市再生歩行者経路</u>の整備又は管理に資するものとして協定区域の土地となることを当該協定区域内の土地に係る<u>土地所有者等</u>が希望するもの（以下この節において「協定区域隣接地」という。）を定めることができる。

4　<u>都市再生歩行者経路協定</u>は、市町村長の認可を受けなければならない。

（認可の申請に係る<u>都市再生歩行者経路協定</u>の縦覧等）

第45条の3　市町村長は、前条第4項の認可の申請があったときは、国土交通省令で定めるところにより、その旨を公告し、当該<u>都市再生歩行者経路協定</u>を公告の日から2週間関係人の縦覧に供さなければならない。

2　前項の規定による公告があったときは、関係人は、同項の縦覧期間満了の日までに、当該<u>都市再生歩行者経路協定</u>について、市町村長に意見書を提出することができる。

（<u>都市再生歩行者経路協定</u>の認可）

第45条の4　市町村長は、第45条の2第4項の認可の申請が次の各号のいずれにも該当するときは、同項の認可をしなければならない。

一　申請手続が法令に違反しないこと。
二　土地又は建築物等の利用を不当に制限するものでないこと。
三　<u>第45条の2第2項各号に掲げる事</u>

項（当該立地誘導促進施設協定において協定区域隣接地を定める場合にあっては、当該協定区域隣接地に関する事項を含む。）について国土交通省令で定める基準に適合するものであること。
四　その他当該第81条第8項の規定により立地適正化計画に記載された立地誘導促進施設の一体的な整備又は管理に関する事項に適合するものであること。
2　市町村長は、第45条の2第4項の認可をしたときは、国土交通省令で定めるところにより、その旨を公告し、かつ、当該立地誘導促進施設協定を当該市町村の事務所に備えて公衆の縦覧に供するとともに、協定区域である旨を当該協定区域内に明示しなければならない。
（立地誘導促進施設協定の変更）
第45条の5　協定区域内の土地に係る土地所有者等（当該立地誘導促進施設協定の効力が及ばない者を除く。）は、立地誘導促進施設協定において定めた事項を変更しようとする場合においては、その全員の合意をもってその旨を定め、市町村長の認可を受けなければならない。
2　前2条の規定は、前項の変更の認可について準用する。
（協定区域からの除外）
第45条の6　協定区域内の土地（土地区画整理法第98条第1項の規定により仮換地として指定された土地にあっては、当該土地に対応する従前の土地）で当該立地誘導促進施設協定の効力が及ばない者の所有するものの全部又は一部について借地権等が消滅した場合においては、当該借地権等の目的となっていた土地（同項の規定により仮換地として指定さ

項（当該都市再生歩行者経路協定において協定区域隣接地を定める場合にあっては、当該協定区域隣接地に関する事項を含む。）について国土交通省令で定める基準に適合するものであること。
四　その他当該都市再生緊急整備地域の地域整備方針に適合するものであること。
2　市町村長は、第45条の2第4項の認可をしたときは、国土交通省令で定めるところにより、その旨を公告し、かつ、当該都市再生歩行者経路協定を当該市町村の事務所に備えて公衆の縦覧に供するとともに、協定区域である旨を当該協定区域内に明示しなければならない。
（都市再生歩行者経路協定の変更）
第45条の5　協定区域内の土地に係る土地所有者等（当該都市再生歩行者経路協定の効力が及ばない者を除く。）は、都市再生歩行者経路協定において定めた事項を変更しようとする場合においては、その全員の合意をもってその旨を定め、市町村長の認可を受けなければならない。
2　前2条の規定は、前項の変更の認可について準用する。
（協定区域からの除外）
第45条の6　協定区域内の土地（土地区画整理法第98条第1項の規定により仮換地として指定された土地にあっては、当該土地に対応する従前の土地）で当該都市再生歩行者経路協定の効力が及ばない者の所有するものの全部又は一部について借地権等が消滅した場合においては、当該借地権等の目的となっていた土地（同項の規定により仮換地として指定

れた土地に対応する従前の土地にあっては、当該土地についての仮換地として指定された土地)は、当該協定区域から除外されるものとする。
2　協定区域内の土地で土地区画整理法第98条第１項の規定により仮換地として指定されたものが、同法第86条第１項の換地計画又は大都市住宅等供給法第72条第１項の換地計画において当該土地に対応する従前の土地についての換地として定められず、かつ、土地区画整理法第91条第３項(大都市住宅等供給法第82条第１項において準用する場合を含む。)の規定により当該土地に対応する従前の土地の所有者に対してその共有持分を与えるように定められた土地としても定められなかったときは、当該土地は、土地区画整理法第103条第４項(大都市住宅等供給法第83条において準用する場合を含む。)の規定による公告があった日が終了した時において当該協定区域から除外されるものとする。
3　前２項の規定により協定区域内の土地が当該協定区域から除外された場合においては、当該借地権等を有していた者又は当該仮換地として指定されていた土地に対応する従前の土地に係る土地所有者等(当該立地誘導促進施設協定の効力が及ばない者を除く。)は、遅滞なく、その旨を市町村長に届け出なければならない。
4　第45条の４第２項の規定は、前項の規定による届出があった場合その他市町村長が第１項又は第２項の規定により協定区域内の土地が当該協定区域から除外されたことを知った場合について準用する。

(立地誘導促進施設協定の効力)
第45条の７　第45条の４第２項(第45条の５第２項において準用する場合を含

された土地に対応する従前の土地にあっては、当該土地についての仮換地として指定された土地)は、当該協定区域から除外されるものとする。
2　協定区域内の土地で土地区画整理法第98条第１項の規定により仮換地として指定されたものが、同法第86条第１項の換地計画又は大都市住宅等供給法第72条第１項の換地計画において当該土地に対応する従前の土地についての換地として定められず、かつ、土地区画整理法第91条第３項(大都市住宅等供給法第82条第１項において準用する場合を含む。)の規定により当該土地に対応する従前の土地の所有者に対してその共有持分を与えるように定められた土地としても定められなかったときは、当該土地は、土地区画整理法第103条第４項(大都市住宅等供給法第83条において準用する場合を含む。)の規定による公告があった日が終了した時において当該協定区域から除外されるものとする。
3　前２項の規定により協定区域内の土地が当該協定区域から除外された場合においては、当該借地権等を有していた者又は当該仮換地として指定されていた土地に対応する従前の土地に係る土地所有者等(当該都市再生歩行者経路協定の効力が及ばない者を除く。)は、遅滞なく、その旨を市町村長に届け出なければならない。
4　第45条の４第２項の規定は、前項の規定による届出があった場合その他市町村長が第１項又は第２項の規定により協定区域内の土地が当該協定区域から除外されたことを知った場合について準用する。

(都市再生歩行者経路協定の効力)
第45条の７　第45条の４第２項(第45条の５第２項において準用する場合を含

む。）の規定による認可の公告のあった立地誘導促進施設協定は、その公告のあった後において当該協定区域内の土地に係る土地所有者等となった者（当該立地誘導促進施設協定について第109条の２第１項又は第45条の５第１項の規定による合意をしなかった者の有する土地の所有権を承継した者を除く。）に対しても、その効力があるものとする。

　（立地誘導促進施設協定の認可の公告のあった後立地誘導促進施設協定に加わる手続等）

第45条の８　協定区域内の土地の所有者（土地区画整理法第98条第１項の規定により仮換地として指定された土地にあっては、当該土地に対応する従前の土地の所有者）で当該立地誘導促進施設協定の効力が及ばないものは、第45条の４第２項（第45条の５第２項において準用する場合を含む。）の規定による認可の公告があった後いつでも、市町村長に対して書面でその意思を表示することによって、当該立地誘導促進施設協定に加わることができる。

２　協定区域隣接地の区域内の土地に係る土地所有者等は、第45条の４第２項（第45条の５第２項において準用する場合を含む。）の規定による認可の公告があった後いつでも、当該土地に係る土地所有者等の全員の合意により、市町村長に対して書面でその意思を表示することによって、立地誘導促進施設協定に加わることができる。ただし、当該土地（土地区画整理法第98条第１項の規定により仮換地として指定された土地にあっては、当該土地に対応する従前の土地）の区域内に借地権等の目的となっている土地がある場合においては、当該借地権等の目的となっている土地の所有者

む。）の規定による認可の公告のあった都市再生歩行者経路協定は、その公告のあった後において当該協定区域内の土地に係る土地所有者等となった者（当該都市再生歩行者経路協定について第45条の２第１項又は第45条の５第１項の規定による合意をしなかった者の有する土地の所有権を承継した者を除く。）に対しても、その効力があるものとする。

　（都市再生歩行者経路協定の認可の公告のあった後都市再生歩行者経路協定に加わる手続等）

第45条の８　協定区域内の土地の所有者（土地区画整理法第98条第１項の規定により仮換地として指定された土地にあっては、当該土地に対応する従前の土地の所有者）で当該都市再生歩行者経路協定の効力が及ばないものは、第45条の４第２項（第45条の５第２項において準用する場合を含む。）の規定による認可の公告があった後いつでも、市町村長に対して書面でその意思を表示することによって、当該都市再生歩行者経路協定に加わることができる。

２　協定区域隣接地の区域内の土地に係る土地所有者等は、第45条の４第２項（第45条の５第２項において準用する場合を含む。）の規定による認可の公告があった後いつでも、当該土地に係る土地所有者等の全員の合意により、市町村長に対して書面でその意思を表示することによって、都市再生歩行者経路協定に加わることができる。ただし、当該土地（土地区画整理法第98条第１項の規定により仮換地として指定された土地にあっては、当該土地に対応する従前の土地）の区域内に借地権等の目的となっている土地がある場合においては、当該借地権等の目的となっている土地の所有者

の合意を要しない。
3 協定区域隣接地の区域内の土地で前項の規定による土地所有者等の意思の表示に係るものの区域は、その意思の表示のあった時以後、協定区域の一部となるものとする。
4 第45条の4第2項の規定は、第1項又は第2項の規定による意思の表示があった場合について準用する。
5 立地誘導促進施設協定は、第1項又は第2項の規定により当該立地誘導促進施設協定に加わった者がその時において所有し、又は借地権等を有していた当該協定区域内の土地（土地区画整理法第98条第1項の規定により仮換地として指定された土地にあっては、当該土地に対応する従前の土地）について、前項において準用する第45条の4第2項の規定による公告のあった後において土地所有者等となった者（当該立地誘導促進施設協定について第2項の規定による合意をしなかった者の有する土地の所有権を承継した者及び前条の規定の適用がある者を除く。）に対しても、その効力があるものとする。

　（立地誘導促進施設協定の廃止）

第45条の9　協定区域内の土地に係る土地所有者等（当該立地誘導促進施設協定の効力が及ばない者を除く。）は、第45条の2第4項又は第45条の5第1項の認可を受けた立地誘導促進施設協定を廃止しようとする場合においては、その過半数の合意をもってその旨を定め、市町村長の認可を受けなければならない。

2　市町村長は、前項の認可をしたときは、その旨を公告しなければならない。

　（土地の共有者等の取扱い）

第45条の10　土地又は借地権等が数人の

の合意を要しない。
3 協定区域隣接地の区域内の土地で前項の規定による土地所有者等の意思の表示に係るものの区域は、その意思の表示のあった時以後、協定区域の一部となるものとする。
4 第45条の4第2項の規定は、第1項又は第2項の規定による意思の表示があった場合について準用する。
5 都市再生歩行者経路協定は、第1項又は第2項の規定により当該都市再生歩行者経路協定に加わった者がその時において所有し、又は借地権等を有していた当該協定区域内の土地（土地区画整理法第98条第1項の規定により仮換地として指定された土地にあっては、当該土地に対応する従前の土地）について、前項において準用する第45条の4第2項の規定による公告のあった後において土地所有者等となった者（当該都市再生歩行者経路協定について第2項の規定による合意をしなかった者の有する土地の所有権を承継した者及び前条の規定の適用がある者を除く。）に対しても、その効力があるものとする。

　（都市再生歩行者経路協定の廃止）

第45条の9　協定区域内の土地に係る土地所有者等（当該都市再生歩行者経路協定の効力が及ばない者を除く。）は、第45条の2第4項又は第45条の5第1項の認可を受けた都市再生歩行者経路協定を廃止しようとする場合においては、その過半数の合意をもってその旨を定め、市町村長の認可を受けなければならない。

2　市町村長は、前項の認可をしたときは、その旨を公告しなければならない。

　（土地の共有者等の取扱い）

第45条の10　土地又は借地権等が数人の

共有に属するときは、<u>第109条の2第1項</u>、第45条の5第1項、第45条の8第1項及び第2項並びに前条第1項の規定の適用については、合わせて一の所有者又は借地権等を有する者とみなす。 （一の所有者による<u>立地誘導促進施設協定</u>の設定） 第45条の11　<u>第81条第8項の規定により立地適正化計画に記載された区域内の一団の土地</u>で、一の所有者以外に土地所有者等が存しないものの所有者は、<u>立地誘導促進施設の一体的な整備又は管理</u>のため必要があると認めるときは、市町村長の認可を受けて、当該土地の区域を協定区域とする<u>立地誘導促進施設協定</u>を定めることができる。 2　市町村長は、前項の認可の申請が第45条の4第1項各号のいずれにも該当し、かつ、<u>当該立地誘導促進施設協定が立地誘導促進施設の一体的な整備又は管理</u>のため必要であると認める場合に限り、前項の認可をするものとする。 3　第45条の4第2項の規定は、第1項の認可について準用する。 4　第1項の認可を受けた<u>立地誘導促進施設協定</u>は、認可の日から起算して3年以内において当該協定区域内の土地に二以上の土地所有者等が存することになった時から、第45条の4第2項の規定による認可の公告のあった<u>立地誘導促進施設協定</u>と同一の効力を有する<u>立地誘導促進施設協定</u>となる。 （借主の地位） 第45条の12　<u>立地誘導促進施設協定</u>に定める事項が建築物等の借主の権限に係る場合においては、その<u>立地誘導促進施設協定</u>については、当該建築物等の借主を土地所有者等とみなして、この節の規定を適用する。	共有に属するときは、<u>第45条の2第1項</u>、第45条の5第1項、第45条の8第1項及び第2項並びに前条第1項の規定の適用については、合わせて一の所有者又は借地権等を有する者とみなす。 （一の所有者による<u>都市再生歩行者経路協定</u>の設定） 第45条の11　都市再生緊急整備地域内の一団の土地で、一の所有者以外に土地所有者等が存しないものの所有者は、<u>都市再生歩行者経路の整備又は管理</u>のため必要があると認めるときは、市町村長の認可を受けて、当該土地の区域を協定区域とする<u>都市再生歩行者経路協定</u>を定めることができる。 2　市町村長は、前項の認可の申請が第45条の4第1項各号のいずれにも該当し、かつ、当該<u>都市再生歩行者経路協定</u>が都市再生歩行者経路の整備又は管理のため必要であると認める場合に限り、前項の認可をするものとする。 3　第45条の4第2項の規定は、第1項の認可について準用する。 4　第1項の認可を受けた<u>都市再生歩行者経路協定</u>は、認可の日から起算して3年以内において当該協定区域内の土地に二以上の土地所有者等が存することになった時から、第45条の4第2項の規定による認可の公告のあった<u>都市再生歩行者経路協定</u>と同一の効力を有する<u>都市再生歩行者経路協定</u>となる。 （借主の地位） 第45条の12　<u>都市再生歩行者経路協定</u>に定める事項が建築物等の借主の権限に係る場合においては、その<u>都市再生歩行者経路協定</u>については、当該建築物等の借主を土地所有者等とみなして、この節の規定を適用する。

7．都市再生特別措置法等の一部を改正する法律における都市のスポンジ化対策に係る予算、税制措置について

【低未利用地の集約等による利用の促進】
①低未利用土地権利設定等促進計画制度の創設
【税制】計画に基づく土地・建物の取得等に係る流通税について、以下の税制特例を措置
・登録免許税　計画に基づく土地・建物の取得等について税率を軽減
　　　地上権等の設定登記等（本則１％→0.5％）
　　　所有権の移転登記（本則２％→１％）
・不動産取得税
　　　計画に基づく一定の土地（道路、通路、広場、集会場、休憩施設、案内施設等の敷地であること等の要件を満たすもの）の取得について、課税標準の1/5を控除。

②都市再生推進法人の業務の追加
【税制】都市再生推進法人（公益法人）への低未利用地の譲渡について課税を軽減
　　所得税（本則15％→10％）、法人税（重課（長期５％）の適用除外）、
　　個人住民税（本則５％→４％）等

③ １　土地区画整理事業の集約換地の特例
③ ２　土地区画整理事業を行う民間事業者に対する資金貸付け制度の創設
【予算】社会資本整備総合交付金や都市開発資金貸付金の拡充
・小規模な土地区画整理事業に対する補助の拡充
　　　　　　　　　　　　　　（交付面積要件：2.0ha→0.5ha）
　　　社会資本整備総合交付金（国費 8,886億円）の内数
・都市開発資金の貸付けに関する法律の改正により貸付の対象に追加
　　　都市開発資金貸付金（土地区画整理事業資金融資）国費5.3億円

④低未利用地の利用と管理のための指針
【予算】指針を含む立地適正化計画の作成支援
　　　コンパクトシティ形成支援事業　国費4.7億円

【身の回りの公共空間の創出】
○立地誘導促進施設協定制度の創設
【税制】本協定に基づき整備され、都市再生推進法人が管理する公共施設等について、固定資産税・都市計画税の軽減
　　　協定に基づき整備・管理する公共施設等（道路・広場等）について、都市再生推進法人が管理する場合に課税標準を2/3に軽減（５年以上の協定の場合は３年間、10年以上の協定の場合は５年間）

8．「都市再生特別措置法等の一部を改正する法律」の公布について

> 平成30年4月25日
> 国都計第9号
> 国土交通省都市局都市計画課長から
> 市町村都市計画主管部局長あて通知

　平素より都市計画行政及びコンパクトなまちづくり施策の推進に関するご高配を賜り、御礼申し上げます。
　本日、都市再生特別措置法等の一部を改正する法律（平成30年法律第22号）（以下「改正法」という。）が公布されたところ、今後、3ヶ月以内の政令で別途定める日より施行されることとなります。
　改正法は、人口減少を迎えた地方都市等をはじめとした多くの都市において、空き地・空き家等の低未利用地が時間的・空間的にランダムに発生する「都市のスポンジ化」が進行しており、コンパクトなまちづくりの推進に重大な支障となっている状況を踏まえ、低未利用地の集約等による利用の促進、地域コミュニティによる身の回りの公共空間の創出、都市機能の確保等の施策を総合的に講じるものです。コンパクトなまちづくりの推進への支障を先ずは解消する観点から、改正法の主な施策は、立地適正化計画制度に記載された居住誘導区域又は都市機能誘導区域を対象とするものとなっております。

　立地適正化計画の作成について未だ検討を行っていない市町村におかれましては、これを機に、「コンパクト・プラス・ネットワークの形成に向けた立地適正化計画の活用について」（平成29年国都計第99号。国土交通省都市局都市計画課長発、市町村都市計画主管部局長宛）も踏まえ、再度、改正法における施策の活用の必要性の有無を含め、人口減少局面におけるまちづくりのあり方について然るべくご検討頂きますよう、お願いします。

　また、既に立地適正化計画を作成・公表している市町村におかれましては、改正法の諸施策の活用による「都市のスポンジ化」の解消に向けた検討を進めて頂くとともに、改正法の施行に伴い、改正後の都市再生特別措置法（平成14年法律第22号）第108条の2の規定により都市機能誘導区域に係る誘導施設を休止し、又は廃止しようとする者に届出義務が発生することから、施行に先立ち、管内の誘導施設運営者に対し、関係団体を通じる等によりこの旨周知を図り、誘導施設の休廃止がまちづくりに与える影響について理解を賜るよう、円滑な制度運用へ向けた取組をお願いします。なお、本届出制度は、休廃止行為自体を妨げる趣旨のものではなく、誘導施設の休廃止の動きを事前に把握することにより、撤退前から、既存の設備を利用した他の事業者の誘致を始める等の取組を可能とする趣旨から創設したものです。

　本届出制度の運用に当たっては、「コンパクトシティと関係施策の連携の推進について」（平成27年。文書番号等は別紙参照）、「地域医療施策と都市計画施策の連携によるコ

ンパクトなまちづくりの推進について」（平成28年。文書番号等は別紙参照）及び「地域包括ケア及び子育て施策との連携によるコンパクトなまちづくりの推進について」（平成28年。文書番号等は別紙参照）を踏まえ、関係行政機関との緊密な連携について特段の配慮をお願いします。

9．コンパクト・プラス・ネットワークの形成に向けた立地適正化計画の活用について

> 平成29年12月22日
> 国都計第99号
> 国土交通省都市局都市計画課長から
> 市町村都市計画主管部局長あて通知

　多くの地方都市では、これまで郊外開発が進み市街地が拡散してきましたが、今後は急速な人口減少が見込まれており、拡散した市街地のままで人口が減少し居住が低密度化すれば、一定の人口密度に支えられてきた医療・福祉・子育て支援・商業等の生活サービスの提供が将来困難になりかねない状況にあります。また、高齢者が急速に増加する中で医療・介護の需要が急増し、医療・福祉サービスの提供や地域の活力維持が満足にできなくなることが懸念されます。
　このような中、高齢者や子育て世代にとって安心して暮らせる健康で快適な生活環境を実現するとともに、財政面及び経済面において維持可能な都市経営を推進するためには、都市の構造を見直し、医療・福祉・商業等の生活サービス機能や居住を集約・誘導しながら、それらと連携した持続可能な公共交通ネットワークを形成するコンパクト・プラス・ネットワークの取組が重要です。

　こうした取組を支援するため、平成26年に都市再生特別措置法に基づく立地適正化計画制度を創設し、省庁横断的な枠組みも活用しながら、支援施策の充実、モデル都市の形成・横展開、取組成果の見える化などの取組を進めてまいりました。その結果、立地適正化計画の裾野は着実に拡大し、現在まで、357都市において計画に取り組まれ、112都市において計画が作成・公表されています。
　コンパクトな都市構造への転換は中長期的な時間軸で臨む必要があるものですが、他方で、今後急激な人口減少が見込まれる都市においては、その取組への着手は急務であると考えます。この点については、第15回経済財政諮問会議（平成29年11月16日）においても、「今後の人口減少見込み幅の大きな自治体ほど同計画の策定率が低い。国土交通省は関係省と協力し、2030年までに人口が2割以上減少見込みの約500のうち都市計画区域を有するもの全てに今後3年以内に計画を策定するよう促すべき」との議論があったところです。

このため、今般、あらためてコンパクト・プラス・ネットワークの政策的意義について周知いたしますので、立地適正化計画の作成について未だ検討を行っていない市町村におかれましては、立地適正化計画制度の活用の必要性の有無を含め、人口減少局面におけるまちづくりのあり方について然るべくご検討いただきますよう、お願い申し上げます。

10. コンパクトシティと関係施策の連携の推進について

平成27年9月30日
閣副第962号・復本第1368号・総財務第170号・総行市第168号・財理第4036号・金監第3099号・27文科政第90号・医政地発0930第3号・雇児保発0930第1号・老高発0930第1号・国総計第48号・国住政第57号・国都計第92号
コンパクトシティ形成支援チーム 内閣官房まち・ひと・しごと創生本部事務局参事官 復興庁統括官付参事官 総務省自治行政局市町村課長 総務省自治財政局財務調査課長 財務省理財局国有財産企画課長 金融庁監督局総務課長 文部科学省大臣官房政策課長 厚生労働省医政局地域医療計画課長 厚生労働省雇用均等・児童家庭局保育課長 厚生労働省老健局高齢者支援課長 農林水産省農村振興局農村政策部都市農村交流課都市農業室長 経済産業省商務情報政策局商務流通保安グループ中心市街地活性化室長 国土交通省総合政策局公共交通政策部交通計画課長 国土交通省住宅局住宅政策課長 国土交通省都市局都市計画課長から
各都道府県・各指定都市地方創生担当部長あて通知

我が国では、今後急速な人口減少が見込まれ、地方都市では拡散した市街地で居住の低密度化が進み、生活サービス機能の維持が困難になることが懸念される一方、三大都市圏の大都市では高齢者数の急増によって医療・福祉サービスの提供や地域の活力維持が満足にできなくなることが懸念されています。
　こうした中で、高齢者や子育て世代にとって安心して暮らせる健康で快適な生活環境を実現するとともに、財政面及び経済面において持続可能な都市経営を推進するためには、都市全体の構造を見直し、医療・福祉・商業等の生活サービス機能や居住を集約・誘導するコンパクトシティの形成とこれと連携した持続可能な公共交通ネットワークの形成が必要です。
　こうした取組を制度的に推進するため、昨年、都市再生特別措置法に基づく立地適正化計画制度及び地域公共交通活性化再生法に基づく地域公共交通網形成計画制度が創設されたところであり、現在多くの市町村においてコンパクトシティの形成等に向けた検討が進められています。

第6章　参考資料

　コンパクトシティの形成に向けた取組に当たっては、都市全体の観点から、公共交通ネットワークの再構築をはじめ、地域包括ケアシステムの構築や公共施設の再編、中心市街地活性化等の関係施策との整合性や相乗効果等を考慮しつつ、総合的に検討する必要があります。このため、まち・ひと・しごと創生総合戦略（平成26年12月27日閣議決定）に基づき、市町村の取組が一層円滑に進められるよう、本年3月に関係省庁による「コンパクトシティ形成支援チーム」を設置し、省庁横断的な支援体制を構築しました。同チームでは、立地適正化計画の作成に関する相談会の開催等を通じて市町村の課題・要望等を把握し、コンパクトシティの形成に向けた取組において関係施策との連携を推進するための方策について検討を進めてきたところであり、先般、市町村が関係施策との連携を図る際に活用可能な国の支援メニュー等をまとめた「コンパクトシティの形成に関する支援施策集」（別紙）をとりまとめたほか、支援施策のさらなる充実に向けた検討を進めています。

　コンパクトシティの形成に向けた取組をされる地方公共団体におかれましては、上記趣旨をご理解の上、立地適正化計画の作成などコンパクトシティの形成に向けた取組が、公共交通、中心市街地活性化、医療・福祉、子育て、公共施設再編、都市農地、住宅、学校、防災等のまちづくりに関わる様々な関係施策との連携の下で総合的に実施されるよう、庁内関係部局間の緊密な連携について特段のご配慮をお願い致します。
　各都道府県におかれては、貴都道府県内市区町村（指定都市を除く。）に対しても本通知について速やかにご連絡いただき、市区町村内の関係部局に趣旨が周知徹底されますようお願いします。
　なお、この通知は、地方自治法（昭和22年法律第67号）第245条の4第1項（技術的な助言）に基づくものであることを申し添えます。

（参考）
○立地適正化計画制度（国土交通省ホームページ）
　http://www.mlit.go.jp/en/toshi/city_plan/compactcity_network.html
○コンパクトシティ形成支援チーム（国土交通省ホームページ）
　http://www.mlit.go.jp/toshi/city_plan/toshi_city_plan_tk_000016.html

11. 地域医療施策と都市計画施策の連携によるコンパクトなまちづくりの推進について

> 平成28年2月5日
> 国都計第146号
> 国土交通省都市局都市計画課長から
> 市町村都市計画主管部局長あて通知

　都市計画の分野においては、今後、地方都市では拡散した市街地で急激な人口減少が進み、大都市では後期高齢者の急増により深刻な課題となることが見込まれます。安心して健康に暮らせる快適な生活環境の実現や、財政面及び経済面において持続可能な都市経営を図るためには、都市のコンパクト化と公共交通網の再構築等のネットワーク形成を推進していくことが重要です。

　同時に、地域医療分野においては高齢化の進行や医療技術の進歩、国民の意識の変化など、医療を取り巻く環境が大きく変わる中、誰もが安心して医療を受けることができる環境の整備が求められています。地域の医療機能の適切な分化・連携を進め、効率的で質の高い医療提供体制を地域ごとに構築する必要があります。

　そして、コンパクトシティの形成と地域医療提供体制の構築は、相互に影響し合う点も多くあります。医療施設は、サービスを担うべき地域の範囲・人口を踏まえつつ、日常生活圏への医療施設の配置による医療サービスの向上に着目しながら整備の検討がなされます。一方、都市の将来像を踏まえ、医療施設の利用者が集まることなどに対してまちづくりとして適切に対応することが必要です。このような状況の下、医療施設の適切な立地に係る調整のために、相互に連携して取り組むことが必要不可欠です。政府としても、「まち・ひと・しごと創生総合戦略」（平成26年12月27日閣議決定）に基づき設置した関係府省庁による「コンパクトシティ形成支援チーム」において、地域づくりの現場における関係施策間の連携を支援する取組を進めているところです。

　そのため、地域医療施策との連携に関し、市町村の都市計画主管部局が、都市再生特別措置法（平成14年法律第22号）に基づく立地適正化計画の作成をはじめとするコンパクトシティ施策を推進するに当たって留意すべき点を下記のとおりとりまとめたので、参考としていただくようお願いします。

　なお、コンパクトシティの推進にあたっては、地域医療提供体制の確保を行っている都道府県と十分に協議を行うことが重要であることから、都道府県の地域医療主管部局及び都市計画主管部局に対しては、本件に関し別紙のとおり通知していることを申し添えます。

記

（地域医療主管部局との調整）

1　都道府県は、医療法（昭和23年法律第205号）第30条の４第１項の規定に基づき、地域の実情に応じて、医療計画を定めています。市町村の都市計画主管部局は、コンパクトシティ施策の推進に当たっては、医療施設の適切な立地について、この医療計画を念頭に、当該市町村の地域医療主管部局と連携しながら、都道府県の都市計画主管部局の協力のもと、都道府県の地域医療主管部局と調整を図っていただくようお願いします。

　　また、必要に応じて、都道府県の地域医療主管部局の協力のもと、他市町村の地域医療主管部局と調整することも考えられます。

（市町村都市再生協議会の活用）
2　市町村は、都市再生特別措置法（平成14年法律第22号）第117条第１項の規定に基づく市町村都市再生協議会が行う立地適正化計画及びその実施に関する協議に際し、医療施設の適切な立地について協議する必要があると認めるときは、都道府県及び関係市町村の地域医療主管部局に対して、市町村都市再生協議会への出席を求めるなど必要な協力を依頼いただくようお願いします。

（地域医療分野における会議の活用）
3　地域医療分野では、医療提供体制を構築するために都道府県ごとに設置される医療審議会（医療法第71条の２第１項）及び地域医療対策協議会（同法第30条の23第１項）並びに二次医療圏、構想区域等ごとに設置される圏域連携会議（平成24年３月30日医政発0330第28号厚生労働省医政局長通知別紙第四４（２））、地域医療構想調整会議（同法第30条の14第１項）等の会議があります。市町村の都市計画部局は、医療施設の適切な立地の検討に際して必要がある場合は、都道府県や当該市町村の地域医療主管部局と連携し、これらの会議の活用を検討いただくようお願いします。

（その他の会議による連携）
4　市町村は、コンパクトシティ施策の推進に当たって、上述の市町村都市再生協議会や地域医療分野における会議とは別に協議の場を設ける場合、地域医療施策との連携を進めるため、必要に応じ、都道府県や当該市町村の地域医療主管部局に対して協力を依頼するなど、常に緊密な連携を図っていただくようお願いします。

12. 地域医療施策と都市計画施策の連携によるコンパクトなまちづくりの推進について

平成28年2月5日
医政地発0205第1号・国都計第145号
厚生労働省医政局地域医療計画課長　国土交通省都市局都市計画課長から
都道府県地域医療主管部局長　都市計画主管部局長あて通知

　都市計画の分野においては、今後、地方都市では拡散した市街地で急激な人口減少が進み、大都市では後期高齢者の急増により深刻な課題となることが見込まれます。安心して健康に暮らせる快適な生活環境の実現や、財政面及び経済面において持続可能な都市経営を図るためには、都市のコンパクト化と公共交通網の再構築等のネットワーク形成を推進していくことが重要です。

　同時に、地域医療分野においては高齢化の進行や医療技術の進歩、国民の意識の変化など、医療を取り巻く環境が大きく変わる中、誰もが安心して医療を受けることができる環境の整備が求められています。地域の医療機能の適切な分化・連携を進め、効率的で質の高い医療提供体制を地域ごとに構築する必要があります。

　そして、コンパクトシティの形成と地域医療提供体制の構築は、相互に影響し合う点も多くあります。医療施設は、サービスを担うべき地域の範囲・人口を踏まえつつ、日常生活圏への医療施設の配置による医療サービスの向上に着目しながら整備の検討がなされます。一方、都市の将来像を踏まえ、医療施設の利用者が集まることなどに対してまちづくりとして適切に対応することが必要です。このような状況の下、医療施設の適切な立地に係る調整のために、相互に連携して取り組むことが必要不可欠です。政府としても、「まち・ひと・しごと創生総合戦略」（平成26年12月27日閣議決定）に基づき設置した関係府省庁による「コンパクトシティ形成支援チーム」において、地域づくりの現場における関係施策間の連携を支援する取組を進めているところです。

　については、貴管内の市町村によるコンパクトシティ施策の推進に当たって、地域医療施策との連携に関し、下記の点についてご協力いただきますよう、よろしくお取り計らい願います。

記

1　地域医療主管部局においては、医療計画との整合性に留意しつつ、コンパクトシティの形成に際し、医療施設の立地が重要となることに鑑み、必要に応じて、地域医療分野における会議の活用などにより、市町村の都市計画主管部局が医療関係者と医療施設の適切な立地について円滑に調整を進められるようにすること。
2　都市計画主管部局においては、市町村による都市再生特別措置法（平成14年法律第22号）に基づく立地適正化計画の作成をはじめとするコンパクトシティ施策の推進に

当たって、市町村の都市計画主管部局が、医療施設の適切な立地について都道府県の地域医療主管部局と円滑に調整を進められるようにすること。

13. 地域包括ケア及び子育て施策との連携によるコンパクトなまちづくりの推進について

平成28年10月4日
府子本647号・医政地発1004第1号・雇児保発1004第1号・障企発1004第1号・老高発1004第1号・老振発1004第1号・国都計第96号
内閣府子ども・子育て本部子ども・子育て支援担当参事官　厚生労働省医政局地域医療計画課長　厚生労働省雇用均等・児童家庭局保育課長　厚生労働省社会・援護局障害保健福祉部企画課長　厚生労働省老健局高齢者支援課長　厚生労働省老健局振興課長　国土交通省都市局都市計画課長から
各都道府県　衛生主管部局長　各都道府県、指定都市、中核市　介護保険主管部（局）長　各都道府県、指定都市、中核市　障害保健福祉主管部局長　各都道府県子育て支援主管部局長　各都道府県、指定都市　都市計画主管部局長あて通知

　コンパクトシティの形成については、「まち・ひと・しごと創生総合戦略」（平成26年12月27日閣議決定）に基づき設置した関係府省庁による「コンパクトシティ形成支援チーム」において、地域づくりの現場における関係施策間の連携を支援する取組を進めているところであり、平成27年9月30日付けで国都計第92号等による「コンパクトシティと関係施策の連携の推進について」（別紙参照）を発出したところです。中でも、コンパクトシティの形成と地域包括ケアシステムの構築、子育て支援施策との連携の推進については、その重要性に鑑み、同チームの下に「医療・福祉・子育てワーキンググループ」を設置し、重点的な検討を行っているところです。

　コンパクトシティの形成と地域包括ケアシステムの構築、子育て支援施策の推進は、相互に影響し合う点が多くあります。
　地域包括ケアシステムとして、高齢者が住み慣れた地域で人生の最後まで自分らしい暮らしを続けることができる仕組みを構築するためには、医療や介護だけでなく、住まい、生活支援・介護予防など、高齢者の生活全般にわたる各種支援サービスの提供体制を総合的に考えていくことが必要です。また、これらのサービスが包括的に提供されるためには、関係施設の立地、高齢者の居住地や外出機会、地域コミュニティの状況等の観点を考慮することも重要です。そのため、コンパクトシティ施策に取り組む市町村においては、都市の将来像を明確にし、将来の高齢者の居住地や地域公共交通ネットワークの状況を考慮するなど、時間軸を意識して、コンパクトシティの形成を地域包括ケアシステムの構築

と一体的に検討することが必要です。

　また、子育て支援施策の推進において、急速な少子化の進行、家庭や地域を取り巻く環境の変化に鑑み、一人ひとりの子どもが健やかに成長することができる環境を整備するため、家庭、学校、地域、職域その他の社会のあらゆる分野における全ての構成員が、各々の役割を果たすとともに、相互に協力することが求められています。また、子育て支援を効率的に提供し、良好な子育て環境を持続的に確保するためには、都市の将来像を考慮して、日常生活圏や拠点となる地域への子育て支援施設の適切な配置や、子育て世帯の誘導など、コンパクトシティの形成に関わる内容を子育て支援策と一体的に検討することが必要です。

　このため、都市再生特別措置法（平成14年法律第22号）に基づく立地適正化計画の作成をはじめとするコンパクトシティの形成、地域包括ケアシステムの構築及び子育て支援施策の推進に当たり、市町村の介護保険主管部局、障害保健福祉主管部局、子育て支援主管部局及び都市計画主管部局が連携を図る際に、留意すべき点を下記のとおり取りまとめました。

　都道府県部局におかれましては、貴管内市町村の介護保険主管部局、障害保健福祉主管部局、子育て支援主管部局及び都市計画主管部局に周知いただきますよう、よろしくお取り計らい願います。また、市町村の介護保険主管部局、障害保健福祉主管部局、子育て支援主管部局及び都市計画主管部局からコンパクトシティの形成の検討に関する助言や関係する会議への参加の求めがあった場合には、市町村において円滑な連携が行われるようご協力をお願いします。

　　　　　　　　　　　　　　　　　記

1．地域包括ケアシステムの構築及び子育て支援施策の推進とコンパクトシティの形成の連携における留意点

（1）医療・介護サービス（障害福祉サービス等を含む。以下同じ。）の提供にあたっては、高齢者がサービスを利用しつつ可能な限り自立した日常生活を送れるよう、利用者の視点に立ったサービス提供に努めることが重要です。コンパクトシティ施策に取り組む市町村は、高齢者の居住地、地域公共交通ネットワーク等や、医療・介護サービスの提供体制について、将来の都市像を考慮し、適切な検討をお願いします。

（2）子育て支援に関する施設については、妊娠期から子育て期を通じ世帯の実情にあったきめ細かいサービスを提供することが必要です。そのため、コンパクトシティ施策に取り組む市町村がこれらの施設を整備するに当たっては、将来の都市像を考慮し、子育て世帯の居住地、勤務地、医療機関等の関連施設、地域公共交通ネットワークの状況等に応じ、適切な検討をお願いします。

2．多世代交流を促進する取組とコンパクトシティ施策の連携について

　地域包括ケアシステムの構築、子育て支援施策の推進及びコンパクトシティの形成のいずれも共通して、地域コミュニティの役割が重要となります。そして、人口減少の中で地域コミュニティを維持するためには多世代交流の観点が不可欠です。
　地域における多世代交流の観点からは、例えば、高齢者福祉、障害者福祉又は児童福祉サービスを提供する施設や事業所同士が近接することによりそれぞれの利用者が多世代交流の効用を享受できる環境を構築することも考えられます。このため、コンパクトシティ施策に取り組む市町村が多世代交流の促進を図るに際しては、高齢者福祉、障害者福祉又は児童福祉サービスを提供する施設や事業所のうち必要なものについて、各施設相互の近接性も総合的に考慮して立地の検討を行うことが望まれます。また、これら施設等が立地する地域にアクセス可能な地域公共交通ネットワークを適切に確保することや、地域内において円滑に移動できるよう歩行空間等を確保することについての検討をお願いします。多世代交流に取り組む介護保険主管部局、障害保健福祉主管部局、子育て支援主管部局におかれては、必要に応じ都市計画主管部局と適切な連携を図るようお願いします。

3．地域包括ケアシステムの構築、子育て支援施策の推進及びコンパクトシティの形成に関する会議の活用について

（1）地域包括ケア及び子育て支援に関係する会議の活用
　各市町村においては地域の創意工夫を活かした地域包括ケアシステムの構築に向けて様々な調整の場が設置されているところです。また子育て支援分野では、児童福祉法（昭和22年法律第164号）第8条の規定に基づき設置される児童福祉審議会等があります。
　市町村の介護保険主管部局、障害保健福祉主管部局及び子育て支援主管部局におかれては、必要に応じて前記1に関する協議のため、これらの会議に都市計画主管部局の出席を求めるなどの対応も考えられます。

（2）市町村都市再生協議会の活用
　都市再生特別措置法第117条第1項の規定に基づく市町村都市再生協議会及びその他市町村が行う立地適正化計画及びその実施に関する協議に際し、地域包括ケアシステムの構築及び子育て支援施策の推進とコンパクトシティの形成との一体的推進について協議する必要があると認められるときは、介護保険主管部局、障害保健福祉主管部局及び子育て支援主管部局の出席を求めるなど適切な対応をお願いします。

14. 都市再生特別措置法等の一部を改正する法律の施行について（技術的助言）

> 平成30年7月13日
> 府地事第346号・国都計第48号・国住街第112号・
> 内閣府地方創生推進事務局長　国土交通省都市局長　住宅局長から
> 各都道府県知事　各政令指定都市の長あて通知

　都市再生特別措置法等の一部を改正する法律（平成30年法律第22号。以下「改正法」という。）は、本年4月25日に公布され、同年7月15日から施行されます。

　改正法の趣旨等について、地方自治法（昭和22年法律第67号）第245条の4第1項の規定に基づく技術的助言として通知しますので、改正法の施行に際しては、下記に留意の上、その適切な運用を図っていただくようお願いいたします。

　なお、運用に当たっては、都市計画運用指針（平成12年12月28日付け建設省都計発第92号）及び地域における歴史的風致の維持及び向上に関する法律運用指針（平成20年12月25日付け20庁財第325号・20農振第1551号・国都景歴第24号）も参考としてください。

　また、都道府県におかれては、この旨を貴管内市町村（政令指定都市を除く。）に対して周知いただくようお願いいたします。

記

I. 都市のスポンジ化対策関連

　急速な人口減少が進む中にあっても、医療、介護、子育て、買い物等の生活サービス機能が確保された安心して暮らせるまちを実現するためには、立地適正化計画制度を活用し、将来の都市の姿を展望しながら、計画的な時間軸の中で、まちなかや公共交通沿線へ都市機能や居住を誘導していくことが重要です。

　しかしながら、すでに人口減少を迎えた地方都市等をはじめとする多くの都市では、空き地、空き家等の低未利用土地が時間的・空間的にランダムに発生する「都市のスポンジ化」と呼ぶべき事象が進行し、都市機能や居住を誘導すべきエリアにおいても、居住環境の悪化等を通じて、地域の魅力や活力が損なわれ、コンパクトなまちづくりの推進に支障を及ぼしている実態も見られます。

　「都市のスポンジ化」は、人口減少・高齢化に伴う土地利用ニーズの低下を背景としながら、個々の低未利用土地について、地権者の利用動機が乏しい（相続したが、自身で使う予定もなく、「そのままでも困らない」ことから低未利用のままとしている場合など）、小さく散在しているため使い勝手が悪い、といった要因によって進行しているものと考えられます。

　このため、その対策に当たっては、行政から地権者や地域住民等に対して能動的に情報

第6章　参考資料

提供、働きかけ等を行い、敷地の集約・再編によるものを含め、個々の低未利用土地の有効利用や適正管理を促していくことが重要です。また、こうした低未利用土地も活用しながら、都市に必要な機能・施設や、地域住民の日常生活等に必要な身の回りの公共空間等を持続的に確保することで、地域価値の維持・向上を図るといった視点も重要です。

改正法では、このような観点から、既に発生したスポンジ化への対処のほか、いまだ顕在化していない地域での予防的な措置を講じるための新たな制度を措置しています。その運用に当たっては、上記のような趣旨を踏まえつつ、各地域の状況に応じ、改正法による新制度だけでなく、既存の都市計画に関する諸制度や低未利用土地に関する他分野の制度等とも連携しながら、総合的な取組として推進することが重要です。

１．立地誘導促進施設協定制度の創設
（都市再生特別措置法第81条第8項及び第109条の2から第109条の4まで関係）

立地適正化計画制度に基づく都市機能や居住の誘導方策がより効果を発揮するためには、都市機能誘導区域や居住誘導区域において、良好な市街地環境が形成され、一定の生活利便性が確保されることが重要です。

しかしながら、各地域・各地区の状況に応じて、住民の日常生活等に必要となる身の回りの公共空間を持続的に確保していくためには、財政的な面からも、また、多種多様な利用ニーズ・利用形態にきめ細かに対応するという側面からも、行政だけでなく、コミュニティの役割に期待されるところが大きくなります。実際に、広場、広告塔、並木等の施設を、周辺の商店主や住民が共同で整備・管理する事例も見られるようになっています。

このようないわば「現代のコモンズ」と言うべき公共空間の整備・管理の取組を一層促進し、都市機能誘導区域や居住誘導区域におけるエリア価値の維持・向上へとつなげるため、新たに立地誘導促進施設協定制度を創設しました。

この協定は、立地誘導促進施設の一体的な整備・管理の方法等について、地権者がその全員の合意により締結するもので、市町村長の認可を受けた協定は、事後に協定区域内の地権者となった者に対しても効力を有するものとなります（承継効）。

都市再生特別措置法（平成14年法律第22号）に位置付けられている既存の協定制度と異なり、対象施設に限定がなく、地域の状況に応じて幅広い場面で活用することが可能な、自由度の高い制度となっています。また、協定締結者の役割についても、対象施設のために土地を提供する者やその整備・管理のための費用を負担する者など、協定締結者間で自由に定めることが可能となっています。さらに、協定区域の隣接地の地権者に対して協定への参加を求めたにもかかわらず、参加を承諾しない者がいる場合には、市町村長は、協定区域内の地権者からの要請を受けて、あっせんを行うことができることとしています。

２．低未利用土地利用等指針に基づく勧告制度等
（都市再生特別措置法第81条第9項、第109条の5第1項及び第3項並びに第109条の12関係）

低未利用土地は、生活利便性の低下、治安・景観の悪化、地域の魅力の低下等を招き、誘導施設や住宅の立地誘導を図る上での障害となり得るものであり、地権者や周辺住民等による有効な利用及び適正な管理を促すことが重要です。

このため、市町村は、立地適正化計画に低未利用土地の有効利用と適正管理に関する指

針を定め、これに即して、低未利用土地の所有者等に対する援助等や、必要な場合における勧告を行うことができることとしました。

なお、勧告に当たっては、低未利用土地等の所有者の探索のため、固定資産税の課税や地籍調査の実施に関して知り得た情報を内部利用することができるよう措置しているところです。

3．低未利用土地権利設定等促進計画制度の創設
（都市再生特別措置法第81条第10項及び第109条の6から第109条の12まで関係）

低未利用土地は、地権者の利用動機が乏しい、小さく散在しているため使い勝手が悪いといった特徴を有するものであることから、その適切な対策のためには、地権者の発意に委ねるのではなく、行政が能動的に情報提供、働きかけ等を行うことが重要となりますが、すでに一定の区域内に相当程度の低未利用土地が発生している場合などには、その解消に向けたより積極的な取組が求められます。

このため、都市機能誘導区域及び居住誘導区域内で、低未利用土地が相当程度存在している区域を対象に、土地の集約・再編を含め、利用のために必要となる権利設定等を促進するための計画制度を創設しました。

なお、本計画の作成等に当たっては、低未利用土地等の所有者の探索のため、固定資産税の課税や地籍調査の実施に関して知り得た情報を内部利用することができるよう措置しているところです。

4．誘導施設整備区制度の創設及び都市開発資金制度の拡充
（都市再生特別措置法第105条の2から第105条の4まで関係）
（都市開発資金の貸付けに関する法律第1条第4項第3号関係）

土地区画整理事業の換地計画においては、原則として、土地区画整理法（昭和29年法律第119号）第89条の規定（いわゆる「照応の原則」）に基づき換地を定めなければならないこととされていますが、立地適正化計画に記載された土地区画整理事業であって都市機能誘導区域をその施行地区に含むもののうち、建築物等の敷地として利用されていない宅地又はこれに準ずる宅地が相当程度存在する区域内で施行されるものの事業計画においては、都市機能誘導区域内の土地の区域であって、誘導施設を有する建築物の用に供すべきもの（以下「誘導施設整備区」という。）を定め、都市再生特別措置法第105条の3第1項の申出が同条第2項各号の要件に該当する場合には、当該申出に係る宅地についての換地を誘導施設整備区内に定めることができることとしました。

事業計画において誘導施設整備区を定めるためには、都市再生特別措置法第105条の2の規定により、立地適正化計画において位置づけられた誘導施設を整備するのに必要な地積とおおむね等しいか又はこれを超えるだけの地積の土地の換地が、所有者の申出に基づき誘導施設整備区内に定められると認められなければならないため、誘導施設整備区制度を活用して土地区画整理事業を施行するに当たっては、施行者、施行地区内の地権者、立地適正化計画を作成する市町村等とで誘導施設の整備について十分に合意形成を図ることが必要です。

また、国は、地方公共団体が、事業計画に誘導施設整備区が定められている土地区画整理事業を施行する個人施行者、土地区画整理組合又は区画整理会社に対し、当該事業に要

する費用の一部に充てるための無利子の資金の貸付けを行うときは、当該地方公共団体に対し、その資金の2分の1以内を貸し付けることができることとしました。

5．誘導施設の休廃止の届出制度の創設
（都市再生特別措置法第108条の2関係）

これまでは、都市機能誘導区域内に誘導すべきとされている誘導施設（商業施設、医療施設等）を区域外に整備しようとする場合、市町村長への事前届出が必要とされていましたが、区域内からこれらの施設がなくなる事態を把握する仕組みはありませんでした。

市町村が既存建物・設備の有効活用などに向けて対策を講じる機会を確保するため、都市機能誘導区域内にある誘導施設を休廃止しようとする場合における市町村長への事前届出制度を創設しました。なお、本届出制度は、休廃止行為自体を妨げる趣旨のものではなく、誘導施設の休廃止の動きを事前に把握することにより、撤退前から既存建物・設備を利用した他の事業者の誘致を始める等の取組を可能とする趣旨で創設したものです。

6．都市再生推進法人の業務の追加
（都市再生特別措置法第119条第1項第1号ニ及び第4号等関係）

地域に散発的に発生する空き地、空き家等の低未利用土地を有効に利用し、又は適正に管理するためには、行政だけでなく、まちづくりに関するノウハウを有し、地域の土地利用の状況等に明るい民間のまちづくりの担い手と連携・協働しながら取り組むことが重要です。

また、低未利用土地については、通常、その発生と利用ニーズの顕在化との間に時間差が存在するものであることから、その効果的な利用促進のためには、土地を一時的に保有・管理し、地域内に散発的に発生する利用ニーズを的確に捉えながら、個々の敷地とのマッチングを図り、利用を希望する者に適切に引き継ぐ機能が果たされることが重要です。

このような観点から、地域の土地利用の状況に詳しく、行政に代わって多様なニーズを捉えてまちづくり活動を行う都市再生推進法人の業務に、都市機能誘導区域・居住誘導区域における低未利用土地の利用又は管理に関する事業を行うことや、その事業に有効に利用できる土地の取得・管理・譲渡を行うことなどを追加しました。

なお、都市再生推進法人については、従来から、その業務に必要な土地を都市再生推進法人（公益法人）に譲渡した場合における譲渡所得に係る税制上の特例が措置されています。

7．都市計画協力団体制度の創設
（都市再生特別措置法第109条の5第2項関係）
（都市計画法第75条の5から第75条の10まで関係）

質の高いまちづくりを推進するためには、地域の実情をきめ細かに把握し、身の回りの課題に自ら対処しようとする住民団体等の主体的な取組を後押しし、民間と行政との協働を促進することが重要です。

実際に、住民団体等の中には、地域の土地利用の状況を調査・把握し、住民の意見を集約しながら、市町村と協働して地区計画等に住民意向を反映する取組を行っているものがあります。

このような取組を促進し、地域の実情に応じた質の高いまちづくりが推進されるよう、都市計画法（昭和43年法律第100号）の一般制度として、住民の土地利用に関する意向の把握、土地所有者等に対する土地利用の方法に関する提案等を行う団体を法的に位置づける都市計画協力団体制度を新たに創設しました。

　これまで都市計画の提案制度は原則として0.5ヘクタール以上の一団の土地の区域について行うことができるとされていましたが、今般、都市計画協力団体による都市計画の決定等の提案については面積要件を無くすこととし、低未利用土地を利用した身の回りの公共空間の創出など、当該市町村の区域内の一定の地区における小規模な都市計画の決定又は変更の提案を行うことができることとしました。

8．都市施設等整備協定制度の創設
　　　　　　　　　　　　　　　（都市計画法第75条の2から第75条の4まで関係）

　人口減少局面に入り開発圧力が低下する中、都市計画決定された都市施設等の整備が必ずしも実現せず、当該施設の用に供することとされていた土地の有効活用が図られていないという状況が発生しています。

　また、都市開発事業により整備される都市施設や公共公益施設等について、その確実な整備・管理だけでなく、社会経済情勢の変化に対応した他用途への変更等にも適切に対応していくことが重要となってきています。

　このため、都市計画法の一般制度として、都道府県又は市町村と都市計画に定める都市施設等の整備を行うと見込まれる者との間において、当該施設の整備・維持に関する協定を都市計画決定前に締結できる制度を創設しました。

　なお、開発許可が必要となる都市施設整備については、当該施設の整備を迅速に進める観点から、事前に当該開発行為に対する同意を許可権者から得ている場合は、当該協定の公告をもって開発許可を得たものとみなします。

II．都市の遊休空間の活用による安全性・利便性の向上関連

1．都市再生駐車施設配置計画制度の創設
　　　　　　　　　　　　　（都市再生特別措置法第19条の13及び第19条の14関係）

　都市再生緊急整備地域の一部の区域では、旺盛な民間開発の増加に伴い、駐車場法（昭和32年法律第106号）第20条の規定に基づく駐車施設附置義務制度により多くの附置義務駐車施設の供給がなされてきたものの、公共交通機関の利用の増加等により、駐車施設の稼働率が低い水準に留まっており、一方で、都市機能が集積していることにより、荷さばき駐車施設については不足しがちであるといった問題が発生しています。さらに、多くの歩行者や自動車が通行する道路に面した場所に設けられた駐車施設は、安全かつ円滑な交通の阻害を生じさせる等の課題が発生しています。

　このため、都市再生緊急整備地域内を対象に、駐車施設附置義務制度の特例として、その実情に応じてきめ細かく適切な駐車施設附置義務の設定を可能とする観点から、都市再生緊急整備協議会が、一定の区域について附置義務駐車施設の位置及び規模に関する事項等を記載した都市再生駐車施設配置計画を作成することができることとし、地方公共団体は、都市再生駐車施設配置計画に記載された事項の内容に即した駐車施設の附置を義務付

ける条例を定めることができる都市再生駐車施設配置計画制度を創設しました。
　都市再生駐車施設配置計画を作成し、及び変更する場合においては、国、関係地方公共団体等に加えて、都道府県公安委員会や道路管理者を始め、都市開発事業を施行する民間事業者、既存の建築物の所有者等の、計画を適切に定めるために必要な関係者を構成員とする都市再生緊急整備協議会において、十分な時間的余裕をもって協議を行うようご配意願います。
　また、本制度の活用に当たっては、国が作成する計画作成のための手引き等を活用し、安全かつ円滑な交通が確保されるような駐車施設の位置、需要が適切に充足されるような駐車施設の規模を定めるようご留意願います。

２．都市計画の決定等の提案主体の追加等　　　（都市再生特別措置法第37条等関係）

　都市再生特別措置法の制定から16年あまりが経過し、都市再生緊急整備地域においては、都市開発事業を通じ、広場や緑地のほか多目的ホール等も含めた公共公益施設の整備が進展しています。一方で、これらの公共公益施設については、訪日外国人の増加、少子高齢化の進展等といった社会経済情勢の変化により、ニーズがプロジェクトの実施段階から大きく変化することがあり、これに対応するために公共公益施設を新たな公共公益施設に再整備しようとする場合には、都市計画の変更等が必要となる場合があります。
　このため、社会経済情勢の変化に伴う公共公益施設のニーズの変化に柔軟に対応し、必要な都市計画の変更等を行うことができるようにする観点から、都市再生特別措置法第37条第１項に規定する都市計画の決定等の提案をすることができる者に、「都市再生事業の施行に関連して必要となる公共公益施設の整備に関する事業を行おうとする者」を追加しました。この結果、同項に規定する都市計画の決定等の提案をすることができる者は、①都市再生事業、②都市再生事業の施行に併せて行われる都市再生事業外の公共公益施設整備事業、③①又は②により整備された公共公益施設を再整備する事業を行おうとする者となります。
　また、これに伴い、都市再生特別措置法第42条から第45条までに規定する特例（事業に係る認可等に関する特例）についても、②又は③の事業が対象として追加されています。
　さらに、同様の観点から、都市再生特別措置法第19条の２第２項第２号に規定する整備計画の記載事項には、①都市開発事業（同号イ）、②都市開発事業の施行に併せて行われる都市開発事業外の公共公益施設整備事業（同号ロ）、のほか、③①又は②により整備された公共公益施設を再整備する事業（同号ロ）を記載することが可能です。整備計画に記載された当該事業の内容を実現する上で支障となる都市計画が定められている場合には、都市計画決定権者は遅滞なく当該都市計画を変更しなければならないこととなりますが、変更後の都市計画については、「社会経済情勢の変化に対応した都市再生特別地区の運用の柔軟化について（平成29年11月20日付け国都計第94号）」の趣旨を踏まえ、許容されうる包括的な用途を記載することも考えられます。
　また、都市再生特別措置法第19条の７から第19条の９までに規定する特例についても、③の事業が対象となります。
　なお、整備計画に③の事業を記載する場合には、再整備しようとする公共公益施設を設

置したときの①又は②の事業名(当該①又は②の事業は、その施行時に整備計画に記載されていなかったものでも構いません。)を併せて記載するようご留意願います。

なお、近年では、都市開発事業の大規模化に伴い、都市計画決定から竣工までの期間が長期間化している場合があるため、当該期間内に、社会経済情勢の変化に伴う公共公益施設のニーズの変化に柔軟に対応して、都市計画の変更等を行うことが必要となることが考えられます。このような場合について、都市再生特別措置法第37条の都市計画の決定等の提案制度では都市再生事業の竣工前の再提案が、都市再生特別措置法第19条の2の整備計画制度では都市開発事業の竣工前の整備計画変更が、それぞれ可能です。

3．都市再生整備計画と歴史的風致維持向上計画の認定申請とのワンストップ化
(都市再生特別措置法第46条第14項及び第62条の3関係)

近年、歴史的建造物の空き家化・滅失が課題となっていますが、その維持と活用を図るためには、観光客が訪問し周遊しやすいよう、歴史的建造物とその周辺だけでなく、主要駅からこれらの地域へのアクセスルートや休憩場所の整備など、広域レベルでの一体的な面的まちづくりが必要となります。

このためには、都市全体の公共公益施設について定める都市再生整備計画と、地域における歴史的風致の維持及び向上に関する法律(平成20年法律第40号)に基づく歴史的資源を活用したまちづくりのための歴史的風致維持向上計画を一体として策定することが有効となります。このため、両計画のワンストップ化に係る特例を措置し、手続面からその取組を支援することとしています。

なお、市町村は、都市再生整備計画の策定に当たって、当該計画が道路の交通に支障を及ぼすおそれのある施設を含む場合(例えば、都市再生整備計画に記載する歴史的風致維持向上施設の整備に関する事業に関する事項について、当該歴史的風致維持向上施設に路外駐車場が含まれる場合など)には、あらかじめ、都道府県公安委員会と協議を行うことが望まれます。

4．立体道路制度の拡充（地区整備計画関係）
(都市計画法第12条の11関係)
(建築基準法第43条及び第44条関係)

地区計画による立体道路制度については、これまで自動車のみの交通の用に供する道路及び自動車の沿道への出入りができない高架その他の構造の道路に限定されていましたが、近年、地方都市においてもその活用ニーズが認められること等から、都市計画区域内の全ての道路を対象として、市街地の環境を確保しつつ、適正かつ合理的な土地利用の促進と都市機能の増進とを図るため、道路の上空又は路面下において建築物等の建築又は建設を行うことが適切であると認められるときは、適用できることとしました。

なお、運用に当たっては、「立体道路制度の運用について」(平成30年7月13日付け国都計51号、国都市46号、国道利10号、国住街114号)も参考としてください。

第6章 参考資料

15. 都市計画運用指針の改正について（平成30年7月13日国土交通省都市局長通達）

※改正部分のみ抜粋。変更箇所は下線部。

I．運用指針策定の趣旨

　現行の都市計画法（昭和43年法律第100号。以下「法」という。）は、昭和30年代後半からの高度成長の過程で、都市への急速な人口・諸機能の集中が進み、市街地の無秩序な外延化が全国共通の課題として深刻化していた社会経済状況を背景に、線引き制度、開発許可制度等の導入を骨格として昭和43年に制定されたものである。以来、基本的には都市計画制度の運用の面においても、こうした新たな枠組みに対応して、スプロールの防止を図る一方、計画的な新市街地の開発・誘導に重点が置かれるなど、集中する人口や諸機能を都市内でいかに適正に配置するかという考え方が反映された運用の積み重ねが行われてきたものといえよう。

　しかしながら、人口減少・超高齢社会の到来、モータリゼーションの進展、産業構造の転換、地球環境問題の高まり、厳しい財政的制約など、都市をめぐる社会経済状況は大きく変化してきている。人口については、これまでの一貫した増加基調から減少基調への転換が現実となり、全国的には都市部の人口増加は沈静化し、スプロール対策は全国一律の課題ではなくなりつつある。一方、モータリゼーションの進展等に伴い、人々の生活圏が広域化し、産業についても立地上の制約がなくなるとともに、産業構造の転換等により、工場跡地等における土地利用転換も生じている。さらに、地球環境問題や行政コストの削減、<u>空き地・空き家等の低未利用土地の増加</u>等への対応の必要性が高まるとともに、質の高い住まい方、自然的環境や景観の保全・創出に対する国民の意識も高まってきている。

　こうした、いわば都市化の時代から安定・成熟した都市型社会への移行という状況に対応するために、これまでにも都市計画法の改正が行われてきているところであるが、都市計画制度は実際に使われてこそ有効に機能するものであることからすれば、この運用についても、上に述べた社会経済状況の変化に的確に対応し、新規決定や追加のみならず、見直し・変更や整理を重視して行われることが望まれる。そのためには、制度の企画・立案に責任を有する国として、都市計画制度全般にわたっての考え方を参考として広く一般に示すことが、地方公共団体の制度の趣旨に則った的確な運用を支援していくうえでも効果的である。

（以下、略）

III．都市計画制度の運用に当たっての基本的考え方

III−1　都市計画の意義

　都市計画は、都市内の限られた土地資源を有効に配分し、建築敷地、基盤施設用地、緑地・自然環境を適正に配置することにより、農林漁業との健全な調和を図りつつ、健康で文化的な都市生活及び機能的な都市活動を確保しようとするものである。

（略）

また、都市計画を定めたとしても、計画に従った開発が必ずしも実現しない（施設整備が行われない、空地等が確保されない等）といった状況が見受けられることを踏まえると、規制手法と、その実効性を担保する制度である都市施設等整備協定を組み合わせ、当該都市計画の実現を図っていくことが重要となる。
　さらに、都市計画の対象は、住民に身近な市街地環境の整備又は保持に関連する事項から、広域的な観点に立って計画又は調整されるべき事項まで多様な性格を有しており、都市計画は、これらの多様な計画がそれぞれの役割を的確に担いつつ、一体として総合的に機能するものでなければならない。これらの多様な都市計画は、その性格に応じ決定主体が都道府県又は市町村に区分されており、市町村が決定する都市計画については、都道府県知事の協議又は同意の手続が設けられている。都市計画の決定又は変更に当たっては、当該手続等を通じて、地域の主体性と広域的な整合性の両者を確保することが必要であり、このため、都道府県又は市町村が都市計画制度上のそれぞれの役割を適切に認識して対応することが重要である。即ち、都市計画の決定又は変更に当たっては、市町村や住民等の主体的判断ができる限り尊重される必要があるとともに、併せて、都道府県が一の市町村の区域を超える広域的な見地から適切な判断を行うことが必要である。

Ⅲ-2　運用に当たっての基本的考え方
1．～2．　（略）
3．都市の将来像を実現するための適切な都市計画の選択
　都市内の土地は、道路、公園等の公共施設、建築物等の敷地及び保全すべき緑地等に大別されるが、都市の将来像の実現に向けた都市の整備、開発及び保全を図るため、適切に具体の都市計画を選択していくことが必要である。
（略）
　なお、都市施設及び市街地開発事業は、都市計画決定のみでは都市の将来像の実現のための役割を果たすことはできず、着実に整備され、又は施行されて初めてその役割を果たし得るものである。この点については、都市計画決定権者と施設整備予定者間で締結する都市施設等整備協定を活用することで、都市計画の決定前の段階で整備方法等を明確にすることが可能となり、施設整備等の実現が図られる。また、土地利用計画と都市施設の関係を見ると、土地利用計画により民間の建築行為の規制誘導を図ることもあれば、民間の施設を都市施設として位置付けることにより整備を促進することもあるなど、政策手段としてみた場合に両者の関係は相対的な関係にある。
　さらに、人口が減少に転じる中で、民間の活動や投資を誘導するという観点が重要になる中では、都市の将来像の実現を図るため、居住、福祉・医療等の生活サービス施設等の諸機能が、都市内のどの地域に立地すべきかを検討し、明確にすることが重要である。このような観点から見ると、土地利用計画は、土地利用規制により望ましくない用途の建築物を規制する制度であり、特定の施設立地をインセンティブと連携しながら誘導することは難しいとともに、本来望ましくない用途の建築物が既存不適格により存置されることになるという課題を有する。また、都市施設は即地的に定めることが求められるなど、民間の生活サービス施設を一定の時間をかけて一定の広がりをもったエリアに誘導するツール

としては不十分である。このようなことを踏まえれば、住宅及び医療・福祉・商業等の民間施設のコントロール手法を多様化し、届出・勧告という緩やかなコントロール手法と経済的なインセンティブを組み合わせることにより、時間をかけながら一定の区域に誘導していくという立地適正化計画制度の活用が、あわせて重要なものとなる。

　<u>加えて、地域価値の低下を招く空き地、空き家等の低未利用土地の解消に向けては、行政から地権者をはじめとする地域住民へのより能動的な情報提供、働きかけ等が求められることとなるが、このような観点からは、立地適正化計画制度に基づき中長期的な時間軸の中で都市機能や居住の誘導に取り組みながら、より即自的・局所的な対応として、同制度に位置付けられた低未利用土地対策のツールを有効に活用することが重要である。</u>
（以下、略）

4．適時適切な都市計画の見直し

　都市計画は、法第21条に変更に関する規定があるとおり、社会経済状況の変化に対応して変更が行われることが予定されている制度であり、法第6条第1項に規定する都市計画に関する基礎調査（以下「都市計画基礎調査」という。）の結果や社会経済状況の変化を踏まえて、変更の必要性が吟味されるべきものである。

　しかし、一方で、都市計画施設の整備、市街地開発事業の実施、土地利用の規制・誘導を行って、目指すべき都市像を実現するためには、相当程度長期間を要することから、都市計画には一定の継続性、安定性も要請される。

　したがって、都市計画の変更を検討するに当たっては、その都市計画の性格を十分に踏まえる必要があり、例えば、根幹的都市施設等継続性、安定性の要請が強いと考えられるものについては、その変更はより慎重に行われるべきである。これらの要請のバランスに留意しつつ、根幹的都市施設等継続性、安定性の要請が強いと考えられる都市計画についても、例えば、長期にわたり事業に着手されていない都市施設又は市街地開発事業に関する都市計画については、見直しのガイドラインを定めるとともに、これに基づき、都市の将来像を踏まえ、都市全体あるいは影響する都市圏全体としての施設の配置や規模等の検討<u>などの見直し</u>を行うことにより、その必要性の検証を行うことが望ましく、都市計画決定当時の計画決定の必要性を判断した状況が大きく変化した場合等においては、理由を明確にした上で<u>変更</u>を行うことが望ましい。

　なお、法第21条の2及び第75条の9に基づく都市計画提案制度及び法第16条第3項の条例に基づく地区計画の申出制度に基づいて行われる民間主体等からの提案又は申出については、行政側においてもこれを都市計画の見直しの必要性を判断する機会と捉えて積極的に都市計画を見直す体制を整備することが望ましい。

5．マネジメント・サイクルを重視した都市計画

　個別の都市計画についての適時適切な都市計画の見直しにとどまらず、更に発展的に、マネジメント・サイクルを重視し、客観的なデータやその分析・評価に基づく状況の変化や今後の見通しに照らして、都市計画総体としての適切さを不断に追求してくことが望ましい。

　特に、立地適正化計画を作成した場合においては、おおむね5年ごとに施策の実施状況について調査、分析、評価を行うことが望ましく、その結果、必要があれば、立地適正化

計画の変更に加えて、関連する都市計画の変更にも結びつけていくことが重要である。
　その際、都市計画基礎調査の結果等の活用を図ることが望ましい。<u>また、その活用に当たっては、調査結果の空間分布を視覚的に把握することも有効であることから、都市構造を可視化するツール等を活用することも考えられる。</u>
（以下、略）
6．（略）

Ⅳ．都市計画制度の運用の在り方

Ⅳ-1-2　マスタープラン
Ⅱ）マスタープラン別の事項
1．都市計画区域マスタープラン
（1）（略）
（2）都市計画の目標
　①（略）
　②　①のほか、各地方公共団体の判断で、各種の社会的課題（環境負荷の軽減、都市の防災性の向上・<u>復興まちづくりの事前の準備</u>、都市のバリアフリー化、良好な景観の保全・形成、集約型都市構造の実現等）への都市計画としての対応を、必要な関係部局等と調整を図ったうえで、都市計画の目標に記述することも考えられる。
　③（略）
（3）～（4）（略）
2．市町村マスタープラン
（1）基本的考え方
　①～④（略）
　⑤　市町村マスタープランには、各市町村の判断で、各種の社会的課題（環境負荷の軽減、都市の防災性の向上・<u>復興まちづくりの事前の準備</u>、都市のバリアフリー化、良好な景観の保全・形成、集約型都市構造の実現等）への都市計画としての対応についての考え方を、必要な関係部局と調整を図ったうえで、記述することも考えられる。
（以下、略）
　⑥（略）
（2）～（3）（略）

Ⅳ-1-3　立地適正化計画
1．基本的な考え方
（略）
　（都市のスポンジ化への対応）
　<u>人口減少・高齢化が急速に進む中にあっては、立地適正化計画を活用し、中長期的な時間軸の中で、一定のエリアへの誘導施設や住宅の立地誘導を進めることが重要であるが、すでに人口減少を迎えた地方都市等をはじめとする多くの都市では、空き地、空き家等の</u>

低未利用土地が時間的・空間的にランダムに発生する「都市のスポンジ化」と呼ぶべき事象が進行しており、都市機能や居住を誘導・集約すべきエリアにおいても、生活利便性の低下や治安・景観の悪化等を招き、地域の価値・魅力の低下等を通じて、コンパクトなまちづくりの推進に重大な支障となっている状況が見られる。
　このような場合には、行政として積極的な関与を行いながら、誘導手法だけでなく、
・　低未利用土地利用等指針、低未利用土地権利設定等促進計画、誘導施設整備区による低未利用土地の集約等による利用の促進
・　立地誘導促進施設協定を活用した地域コミュニティによる身の回りの公共空間の創出
・　誘導施設の休廃止に係る届出・勧告を契機とする行政の働きかけを通じた都市機能の確保
等の低未利用土地対策に関連する施策を総合的に講じ、既に発生したスポンジ化への対処のほか、いまだ顕在化していない地域での予防的な措置など、エリア価値の維持・向上に向けたスポンジ化対策の取組を積極的に推進することが望ましい。
２．（略）
３．記載内容
　立地適正化計画においては、都市全体を見渡しながら居住や都市機能を誘導する区域を設定するとともに、これらを誘導するための施策等が記載されることとなる。その検討に当たっては、都市の抱える課題について客観的データに基づき分析・把握し、一つの将来像として、おおむね20年後の都市の姿を展望することが考えられるが、あわせてその先の将来も考慮することが必要である。また、おおむね５年ごとに評価を行い、必要に応じて立地適正化計画や関連する都市計画の見直し等を行うことが望ましく、動的な計画として運用すべきである。その際、持続可能な都市経営を実現するという観点からは、将来の人口の見通しとそれを踏まえた財政の見通しを立て、都市構造と財政支出の関係を精査することが望ましい。これらの検討に当たっては、都市の客観的データの空間分布を視覚的に把握することが有効であることから、都市構造を可視化するツール等を活用することも考えられる。
　立地適正化計画には、まず立地適正化計画の区域が記載されるほか、様々な区域が記載されることとなるが、各区域の関係は以下のとおりである。
・　医療・福祉・子育て支援・商業等の都市機能を誘導する区域として都市機能誘導区域が設定される。都市機能誘導区域内においては、容積率の緩和等を行う必要がある場合には特定用途誘導地区を設定することが可能であるとともに、歩行者の利便性・安全性の向上を図る必要がある場合には駐車場配置適正化区域を設定することが可能である。
・　原則として、都市機能誘導区域内及びその外側において、居住を誘導する区域として居住誘導区域が設定される。
・　居住誘導区域又は都市機能誘導区域内において、住宅又は誘導施設の立地誘導のため、立地誘導促進施設の一体的な整備又は管理が必要となると認められる区域を設定することが可能である。
・　居住誘導区域又は都市機能誘導区域内において、低未利用土地が相当程度存在し、

その利用促進のために土地・建物に係る権利設定等を促進する事業を行う必要があると認められる区域（低未利用土地権利設定等促進事業区域）を設定することが可能である。
(以下、略)
(1)～(6)　（略）
(7) 立地誘導促進施設に関する事項
　① 基本的な考え方
　　　都市機能や居住の誘導に向けた施策等がより効果を発揮するためには、都市機能誘導区域や居住誘導区域において、一定の生活利便性等が確保された良好な市街地環境が維持されることが重要であるが、各地域・各地区の状況に応じて、日常生活等に必要となる身の回りの公共空間が適切に確保されるためには、地域住民が主体となった関係者協働による取組が進められることが重要である。とりわけ、このような「現代のコモンズ」と言うべき公共的な施設等が地域住民等の力により持続的に維持されるためには、関係者間の役割分担や責任が明確化され、その実現に向けた努力が促されることが重要である。
　② 区域の設定等
　　　立地誘導促進施設の一体的な整備又は管理が必要と認められる区域は、地域においてその整備又は管理が望まれる具体的な立地誘導促進施設及び立地誘導促進施設協定の締結を想定しつつ設定するものではあるが、個々の施設及び協定の対象となる区域ごとに定めなければならないものではなく、市町村が必要と判断した場合には、例えば居住誘導区域全域を対象として区域を定めることも可能である。
　　　また、立地誘導促進施設の一体的な整備又は管理に関する事項については、広場、広告塔、並木など、その一体的な整備又は管理が必要と考えられる立地誘導促進施設の種類、位置、概要等について、必要に応じ定めることが考えられる。
　③ 留意すべき事項
　　　立地誘導促進施設の一体的な整備又は管理が必要と認められる区域等については、当該区域内における土地利用の状況等の変化に応じ、柔軟にその内容を見直すことが望ましい。なお、これら区域等に関する立地適正化計画の記載内容の変更は、軽微な変更として扱うこととしている。
(8) 低未利用土地利用等指針等
　① 基本的な考え方
　　　低未利用土地は、生活利便性の低下、治安・景観の悪化、地域の魅力の低下等を招き、誘導施設や住宅の立地誘導を図る上での障害となり得るものであることから、低未利用土地の現状を把握した上で、低未利用土地の利用及び管理に関する指針を定め、所有者や周辺住民等による有効な利用及び適正な管理を促すことが重要である。
　② 低未利用土地利用等指針
　　　低未利用土地利用等指針は、誘導施設や住宅の立地誘導を図るために低未利用土地を有効に利用又は適正に管理する上での留意点や、適正な管理の水準等を定めることが想定され、その内容は、地域の現状や予見される問題に応じて、個別に定められる

ものである。この指針に基づき所有者等に対して適正な管理を求める勧告を行うため、管理については、望ましい管理方法を例示する等、可能な限り明示的な指針とすべきである。具体的には、病害虫が発生することがないよう適切に除草等を行う、樹木の枯損が発生した場合には伐採等を行うなどの旨を記載することが考えられる。

③ 低未利用土地権利設定等促進事業区域の設定等

低未利用土地権利設定等促進事業区域は、都市機能誘導区域や居住誘導区域のうち低未利用土地が相当程度存在する区域について定めるものであるが、具体的には、低未利用土地の規模、分布、当該区域に占める割合等を勘案して各市町村において個別に判断されるものである。例えば、中心市街地の全域にわたって低未利用土地が広がっているような場合には、その区域の全域を指定することも考えられる。一方、大規模商業施設の撤退等により、狭い範囲のエリアで集中的に低未利用土地が存在しているような場合には、当該区域に限って指定することも考えられる。

また、低未利用土地権利設定等促進事業に関する事項については、促進すべき権利設定等の種類、事業を通じて立地を誘導すべき誘導施設や住宅の種類等について、必要に応じ定めることが考えられる。

④ 留意すべき事項

低未利用土地権利設定等促進事業区域については、当該区域内等における土地利用の状況等の変化に応じ、柔軟にその内容を見直すことが望ましい。なお、低未利用土地権利設定等促進事業区域に関する立地適正化計画の記載内容の変更は、軽微な変更として扱うこととしている。

（9）～（10）　（略）

4．策定手続

（1）　（略）

（2）公聴会、都市計画審議会の手続

まちづくりへの住民参加の要請がますます強まる中で、立地適正化計画を作成するに当たっても、住民参加の機会を設けることが重要となる。特に、居住誘導区域や都市機能誘導区域の外においては、これらの区域で講じられる各種の特例措置が適用されないため、十分な住民の合意形成プロセスを経ることが重要である。

（略）

さらに、住民の意見を反映させるための措置としては、公聴会の開催に加えて、まちづくりの方向、内容等に関するアンケートの実施、ワークショップの開催等、地域の実情に応じて実施することが望ましい。この際、都市計画協力団体に指定されている住民団体や商店街組合等が存在する場合は、当該団体の協力を得て行うことも考えられる。

（以下、略）

5．評価

市町村は、立地適正化計画を策定した場合においては、おおむね5年毎に計画に記載された施策・事業の実施状況について調査、分析及び評価を行い、立地適正化計画の進捗状況や妥当性等を精査、検討するべきである。また、その結果や市町村都市計画審議会における意見を踏まえ、施策の充実、強化等について検討を行うとともに、必要に応じて、適

切に立地適正化計画や関連する都市計画の見直し等を行うべきである。
　この際、立地適正化計画の必要性や妥当性を市民等の関係者に客観的かつ定量的に提示する観点からも、あらかじめ立地適正化計画の策定に当たり、解決しようとする都市の抱える課題、例えば、生活利便性、健康福祉、行政運営等の観点から、立地適正化計画に基づき実施される施策の有効性を評価するための指標及びその目標値を設定するとともに、目標値が達成された際に期待される効果についても定量化するなどの検討を行うことが望ましい。また、立地適正化計画の評価に当たり、当該目標値の達成状況や効果の発現状況等について適切にモニタリングしながら、評価、分析することが望ましい。基本的な目標値としては、例えば居住誘導区域内の人口密度や公共交通利用者数等が考えられる。
（以下、略）
6．～7．（略）

Ⅳ－2　都市計画の内容

Ⅳ－2－1　土地利用
Ⅱ）個別の事項
Ｄ．地域地区（法第8条関連）
9．都市再生特別地区
（1）（略）
（2）基本的な考え方
①～②（略）
③　さらに、当該都市開発事業が有する都市再生の効果等を、社会経済情勢の変化の中で持続的に発揮させていくためには、都市再生の効果等を有する具体の取組について、合理的な範囲での変更を許容する仕組みとすることが有効である。このため、例えば、都市再生の効果等を有する具体の取組に係る建築物等の用途等を都市計画に定める際には、都市再生緊急整備地域の整備に関する方針等を踏まえ、当該地域における都市再生の効果等を有する取組に係る用途について、許容される範囲において包括的に記載することなどが考えられる。この際、その全部又は一部を都市再生特別地区において誘導すべき用途に供する建築物その他の工作物については、都市施設等整備協定の対象とされていることから、都市再生の効果等を有する具体の取組に係る用途について、誘導すべき用途として位置付け、都市施設等整備協定の活用を図ることが考えられる。
④（略）
（3）配慮すべき事項
①～⑤（略）
⑥　運用の基本的な方針や評価の対象となる取組の具体の対象やその考え方等を都市計画決定権者が明示する際において、当該取組が長期に継続するものであり、その間の社会経済情勢の変化の中でその効果を持続的に発揮させる必要があることに留意し、
・あらかじめ協議により都市再生の効果等を有する取組として評価する内容を包括的

に定めること
・その場合に都市計画に定める当該取組に係る用途を包括的に定めるなどの記載方針等について示しておくこと
・必要に応じ、当該取組に係る用途を誘導すべき用途として位置づけ、都市施設整備等協定の活用を図ること
について示しておくことなどが考えられる。
⑦ <u>前記の場合においても、都市の魅力の向上等に資することが見込まれるその他の民間事業者の創意工夫について、幅広い提案内容を積極的に検討すべきである。</u>
⑧ （略）
（４） （略）

G．地区計画（法第12条の５関係）
１．地区計画に関する都市計画を定めるに当たっての基本的な考え方
（１） （略）
（２）住民又は利害関係人からの申出について
　地区計画は、その内容からも住民や、区域内の土地に権利を有する者及びその代理人（民間事業者を含む。）が主体的に関与して定めることが望ましく、このような地域住民の参加を促す観点からは、法第21条の２及び<u>第75条の９</u>の提案制度や、法第16条第３項に定められた申出制度など住民参加の手続きは十分に活用されることが望ましい。このため、法第16条第３項の条例の制定について、前向きに検討することが望ましい。
（以下、略）
（３）～（６） （略）
２．（略）
３．地区計画の都市計画において決定すべき事項
（１）～（２） （略）
（３）再開発等促進区
① （略）
② 基本的な考え方
　１） （略）
　２） 再開発等促進区の土地利用に関する基本方針
　　a 再開発等促進区に係る法第12条の５第５項第２号の土地利用に関する基本方針（以下「再開発等促進区の方針」という。）に基づき再開発等促進区内の地区整備計画が定められるとともに、法第21条の２<u>及び第75条の９</u>の規定に基づき再開発等促進区内の地区整備計画に係る計画提案が行われる際には、当該提案が再開発等促進区の方針を踏まえて行われることとなるので、誘導すべき市街地の態様等について関係権利者、住民等が容易に理解できるように定めることが望ましい。
　　　（以下、略）
　３）～５） （略）
③ （略）

（4）開発整備促進区
① （略）
② 基本的な考え方
　1） （略）
　2） 開発整備促進区の土地利用に関する基本方針
　　a　開発整備促進区に係る法第12条の5第5項第2号の土地利用に関する基本方針（以下「開発整備促進区の方針」という。）に基づき開発整備促進区内の地区整備計画が定められるとともに、法第21条の2及び第75条の9の規定に基づき開発整備促進区内の地区整備計画に係る計画提案が行われる際には、当該提案が開発整備促進区の方針を踏まえて行われることとなるので、誘導すべき市街地の態様等について関係権利者、住民等が容易に理解できるように定めることが望ましい。
　　（以下、略）
　3）～4） （略）
③ （略）
4．～9． （略）
H．防災街区整備地区計画等（法第12条の4関係）
1．防災街区整備地区計画
（密集法第32条関連）
（1） （略）
（2）基本的な考え方
① （略）
② 防災街区整備地区計画の区域の整備に関する方針
　1） 密集法第32条第2項第3号の防災街区整備地区計画の目標その他当該区域の整備に関する方針（以下「防災街区整備地区計画の区域の方針」という。）は、当該区域の整備に関する総合的な指針であり、これに基づいて、地区防災施設の区域や防災街区整備地区整備計画が定められ、法第21条の2及び第75条の9の規定に基づき地区防災施設の区域や防災街区整備地区整備計画の提案が行われる際には、当該方針を踏まえて行われることとなるので、関係権利者、住民等が容易に理解できるように定めることが望ましい。
　2） （略）
③～⑥ （略）
（3） （略）
2．（略）
3．沿道地区計画
（幹線道路の沿道の整備に関する法律（昭和55年法律第34号）（以下「沿道法」という。）第9条第1項関連）
（1） （略）
（2）基本的な考え方
① （略）

② 沿道の整備に関する方針
　　1）　沿道の整備に関する方針は、当該地区の整備に関する総合的な指針として定められ、さらに、沿道地区整備計画が定められ、また、法第21条の2及び第75条の9の規定に基づき沿道地区整備計画や沿道再開発等促進区の提案が行われる際には、当該方針を踏まえて行われることとなるので、当該区域の整備をどのように行い、どのような形態の市街地を形成しようとするかなどについて、関係権利者、住民等が容易に理解できるように定めることが望ましい。
　　2）　（略）
③〜⑥　（略）
⑦　その他
　　沿道地区計画については、法第21条の2及び第75条の9の規定に基づく提案制度も視野に入れつつ、先行して沿道地区計画の方針を策定するとともに、土地所有者等の創意工夫によるまちづくり活動を支援する方式を適切に活用して、沿道地区計画制度が一層広く推進されるよう努めることが望ましい。また、沿道地区計画の方針のみが定められた地区においては、沿道地区整備計画の策定に向け、当該地区の土地所有者等の合意形成が円滑かつ的確になされるよう、適切な指導に努めることが望ましい。
（3）　（略）
4．（略）

I．立体道路制度（法第12条の11・都市再生法第36条の2関連）
（1）趣旨
　立体道路制度は、良好な市街地環境を確保しつつ、適正かつ合理的な土地利用を促進するため、道路の上空又は路面下において建築物等の建築又は建設を行うことを可能とするものである。
　地区計画による立体道路制度（法第12条の11）は、都市計画区域内において、市町村マスタープラン等に示される当該地区の望ましい市街地像を実現するために土地の有効利用を図るとともに、中心市街地の活性化やバリアフリー社会への対応など都市機能の増進を図ることを目的とするものである。
　また、都市再生特別地区による立体道路制度（都市再生法第36条の2）は、都市再生緊急整備地域において、都市開発事業等を通じて、都市の再生の拠点として都市の魅力や国際競争力の強化等に資する公共公益施設等を整備し、土地の合理的かつ健全な高度利用を図ることを目的とするものである。
（2）基本的な考え方
　立体道路制度の適用に当たっては、（1）の趣旨を踏まえつつ、道路空間が有する市街地環境を確保する上での多様かつ重要な機能を一定程度制限してまでも土地の有効・高度利用を行う公益性・必要性が認められることが必要であり、周辺の土地利用の動向、公共施設の整備状況等を勘案し、当該区域の特性に応じて必要な事項を定めることにより、適正かつ合理的な土地利用の促進、都市機能の増進及び良好な市街地環境の確保に努めることが望ましい。

① 地区計画による立体道路制度の適用の例としては、以下のような場合が考えられる。
　１）　市街地における幹線道路の整備に併せ、その周辺地域も含めた一体的かつ総合的な整備を行うことにより、市街地の幹線道路整備の進捗と良好な市街地環境の確保を図るために必要な場合
　２）　駅前等の市街地において、既存の道路ネットワークを確保しつつ、一定規模以上のフロア面積を有する商業・子育て支援等の機能集約やにぎわい創出を図るために必要な場合
　３）　谷状の地形となっている地域の高架駅周辺等において、駅に隣接する道路の上空を利用して建築物を整備し、高架駅と周辺高台の市街地との水平移動を可能とするバリアフリーや回遊性確保を図るために必要な場合
　４）　歴史的建造物等のある都市の中心部等において、良好な景観を保持するため建築物等の高さを抑えつつ、地域の特性を生かした都市機能の更新を図るために必要な場合
　また、地区計画による立体道路制度の適用が不適当な例としては、以下のような場合が考えられる。
　１）　稠密な市街地の細街路内部において、単に小規模な建築物の敷地を統合するために道路の上空を利用して建築物等を整備することにより道路の上部空間が遮蔽され、道路交通の安全性や周辺の市街地環境、歴史的な通りの景観等へ大きな影響を及ぼすことが想定される場合
　２）　一般の住宅市街地等において、道路の上空を利用して建築物等を整備することにより道路の上部空間が遮蔽され、既存の周辺住宅地の建築基準法上の接道その他の基準への適合や周辺住宅地の生活環境等へ大きな影響を及ぼすことが想定される場合
　都市再生特別地区による立体道路制度の適用の例としては、以下のような場合が考えられる。
　１）　大都市の中心部等において都市開発事業等を実施するに当たり、商業・業務施設や外国人居住支援施設等の立地と緑地・広場・歩行者通路等の都市施設等との一体的な整備を図るため、道路の上空又は路面下の活用による土地の高度利用が必要な場合
② 地区計画に重複利用区域（道路の区域のうち建築物等の敷地としてあわせて利用すべき区域）及び当該区域内における建築物等の建築限界（建築物等を建築又は建設できることとする空間又は地下についての上下の範囲）を定めることによる立体道路制度の対象となる道路は、既存の道路（歩行者専用道路、自転車専用道路及び自転車歩行者専用道路を含む。）のほか、都市計画において定められた計画道路も含まれる。新たな道路を整備しようとする場合において、立体道路制度の適用が必要なときは、都市計画道路として積極的に都市計画に定めることが望ましい。
③ 道路の上空等を活用し、広場や歩行者通路などの公共施設を整備する場合は、当該施設が有する公益的機能の継続性を確保するため、都市施設や地区施設等として積極

的に都市計画に定めることが望ましい。なお、都市計画に定めるに当たっては、当該施設の確実な整備・管理を図るため、都市施設等整備協定制度等を活用することも考えられる。

④　道路の上空又は路面下において建築物等の建築又は建設が行われる場合は、土地の有効・高度利用に資するものとなるよう配慮することが重要であるが、市街地における道路空間は、単に通行の場というにとどまらず、日照、採光、通風等の確保、非常時の避難路、消防活動の場等として重要な機能を有していることから、立体道路制度の活用に当たっては、地区全体としてこれらの機能が確保されるよう、良好な市街地環境の確保の観点からも十分に配慮するべきである。このため、地区計画において、必要に応じ、地区施設の配置及び規模、容積率の最高限度、建蔽率の最高限度、建築物の高さの最高限度、壁面の位置の制限等を適切に定め、良好な市街地環境が確保されるよう努めることが望ましい。

　　（以下、略）

⑤　立体道路制度を適用する地区計画又は都市再生特別地区に関する都市計画の区域は、これらの制度の本来の趣旨を的確に踏まえた上で、道路の上空又は路面下における建築物等の建築又は建設が周辺地域の市街地環境に与える影響を十分に勘案し、適切なものとなるように定めるべきである。また、幹線道路等は、地域住民等の生活圏域を構成する要素となっていることにも留意する必要がある。

⑥　重複利用区域は、現実に建築物等の敷地として利用される部分についてのみ定めることとし、利用が予定されていない区域については定めるべきではない。また、重複利用区域の設定については、立体道路制度の対象となる道路が建築基準法上接道対象道路として扱われなくなる（道路の一部にのみ重複利用区域を定める場合（例：既存の道路の上空に建築物を張り出して建築する場合等）については、当該道路のうち重複利用区域が定められていない部分（幅員等が建築基準法上の道路としての要件を満たすものに限る。）はこの限りでない。）こと等に鑑み、あらかじめ、特定行政庁と調整を行うべきである。

⑦〜⑧　（略）

（3）配慮すべき事項
①　重複利用区域内における法第53条の制限の取扱い
　1）〜3）　（略）
　4）　都市モノレール、新交通システム、路外駐車場（バスターミナルの機能を有するものを含む。）、路外駐輪場等のうち、一般的な道の機能を有しないものであって、道路法第47条の7の立体的区域を定めた道路及びトンネル構造の道路が都市計画施設である場合、その区域内に建築物を建築しようとする際には、法第53条による許可対象として差し支えないことに留意することが望ましい。
②　立体道路制度を適用する道路に関する都市計画決定について
　1）　（略）
　2）　立体道路制度の適用が予定される道路に関する都市計画を定める場合にあっては、あらかじめ、特定行政庁と調整を行うべきである。

3)〜4) （略）
③ 関係機関との調整
1) 関係道路管理者への協議のほか、特定行政庁、道路の上空利用による視認性の低下によって生ずる道路交通の安全と円滑への影響等についての都道府県公安委員会、建築物等の防火上の安全等についての所轄の消防長又は消防署長等の関係機関との必要な調整が行われる<u>べきである</u>。
2) （略）

Ⅳ-2-2　都市施設
Ⅱ）施設別の事項
A．交通施設
A-2．道路
1．（略）
2．道路の都市計画の考え方
（1）〜（7）　（略）
（8）道路に関する都市計画の見直し
　道路の都市計画については、都市計画基礎調査や都市交通調査の結果等を踏まえ、また、地域整備の方向性の見直しとあわせて、その必要性や配置、構造等の検証を行い、必要がある場合には都市計画の変更を行うべきである。この場合、地域整備の在り方とあわせて、地域全体における都市計画道路の配置、構造等についての検討を行うべきであり、また、過去に整備された道路の再整備についても、必要に応じ検討を行うことが望ましい。また、都市計画道路の変更を行う場合には、その変更理由を明確にした上で行うべきである。
　長期にわたり未整備の路線については、長期的視点からその必要性が従来位置づけられてきたものであり、単に長期未着手であるとの理由だけで路線や区間毎に見直しを行うことは望ましくない<u>が、目指すべき都市構造を踏まえ必要と判断される場合は、都市全体あるいは関連する都市計画道路全体の配置等を検討する</u>など<u>都市計画を見直し、必要に応じて都市計画を変更するべきである</u>。これらの見直しを行う場合には、都市計画道路が整備されないために通過交通が生活道路に入り込んだり、歩行者と自動車が分離されないまま危険な状態であるなど対応すべき課題を明確にした上で検討を行う必要がある。
（以下、略）
3．（略）
A-4．自動車駐車場・自転車駐車場
1．（略）
2．自動車駐車場に関する都市計画の取扱い
①〜②　（略）
③ 道路の<u>地下</u>に設ける自動車駐車場については、「駐車場」として都市計画決定を行うことが望ましい。ただし、道路管理者の設置するものについては、「道路」に含めて都市計画決定を行うことが望ましい。

第6章 参考資料

3．～4．（略）

Ⅳ-2-4 立地適正化計画に基づく措置
A．都市機能誘導区域に係る措置
A-2．誘導施設に係る届出及び勧告
A-2-1．建築等の届出等（略）
1．届出及び勧告に関する基本的な考え方（略）
（以下、略）

A-2-2．休廃止の届出等
1．届出及び勧告に関する基本的な考え方
（1）届出の対象となる行為
　立地適正化計画に記載された都市機能誘導区域内において、商業施設や医療施設等の誘導施設を休止又は廃止しようとする場合、市町村長への届出が義務づけられている（都市再生法第108条の2第1項）。
（2）届出の時期及び届出に対する市町村の対応
　届出制は、市町村が都市機能誘導区域内に存する誘導施設の休廃止の動きを事前に把握することにより、撤退前に、他の事業者の誘致を始める等の取組ができるようにしようとするものであり、休廃止の30日前までに届出を行うこととされている。
　休廃止の届出を受けた市町村は、撤退後の設備を利用した新たな誘導施設の誘致を図るため必要がある場合には、
・後継事業者を探している場合に建築物の除却は不要である旨助言する
・住民生活上不可欠な施設であり、かつ、後継事業者がいるにも関わらず、特段の事情なく撤退後の施設の利用調整に応じない等の場合に施設の存置を勧告する
などの助言・勧告を行うことが考えられる。
　都市機能誘導区域に係る誘導施設が休廃止されることは、まちづくりに与える影響も大きいことから、A-2-1に記載する届出等に係る勧告基準とあわせて、休廃止に係る勧告基準を定めるなど適切に運用することが望ましい。
　なお、誘導施設として位置付けられていることを認識しておらず、休廃止時に届出をしない事態も想定されることから、対象施設の範囲や届出を要する行為等について、対象者への説明を十分に行うべきである。

A-4．土地区画整理事業の特例
　地方都市の中心部等においては、都市機能誘導区域を設定し誘導施設を誘致する際、土地利用の整序を図り、まとまった用地を確保するため、土地区画整理事業を活用することが想定される。

1．施行地区内の権利者の全ての同意を得た場合における換地の決定
　事業の施行地区が既成市街地の比較的狭い地域となり、かつ、まとまった用地を確保するためには、換地設計上の技術的制約が大きく、土地区画整理法第89条の規定（照応の原則）に即して、照応する換地を全ての地権者に割り当てることが困難であることが多い。

このため、このような地区での土地区画整理事業については、換地計画に定めようとする内容について施行地区内の関係地権者及び参加組合員の全ての者の同意が得られる場合は、当該事業の施行者は、立地適正化計画策定者と協議の上、同計画に当該事業を記載することにより、照応の原則によらず各地権者の換地に関する要望を換地計画に柔軟に反映させながら事業の円滑化を図ることが可能である。

２．誘導施設整備区

　都市再生法第105条の２から第105条の４までの規定に基づく誘導施設整備区制度は、土地区画整理事業の事業計画において誘導施設整備区を定め、空き地等の所有者の申出に基づいて当該空き地等の換地を誘導施設整備区内に集約することにより、立地適正化計画に位置づけられた誘導施設を有する建築物の用に供すべき土地を確保し、散在する空き地等の有効活用を図る制度である。

　誘導施設整備区は、都市再生法第81条第２項第４号ロの規定により立地適正化計画に記載された土地区画整理事業であって、都市機能誘導区域をその施行地区に含むもののうち、建築物等の敷地として利用されていない宅地又はこれに準ずる宅地が相当程度存在する区域内で施行されるものの事業計画において定めることができる。申出に係る建築物等の敷地として利用されていない宅地に準ずる宅地は、施行者が施行地区の実情に応じて定款等で定めるものであるが、例えば、損傷の激しい家屋の敷地や、低利用な青空駐車場などが想定される。

　また、事業計画において誘導施設整備区を定めるためには、立地適正化計画において位置づけられた誘導施設を整備するのに必要な地積とおおむね等しいか又はこれを超えるだけの地積の土地の換地が、所有者の申出に基づき誘導施設整備区内に定められると認められなければならない。このため、誘導施設整備区制度を活用して土地区画整理事業を施行するにあたっては、どのような誘導施設を、どのように整備し、そのためにどの程度の規模の敷地が必要なのか等について、施行者、施行地区内の地権者、立地適正化計画を作成する市町村等とで十分に合意形成を図るべきである。

Ｂ．居住誘導区域に係る措置

Ｂ－２．都市計画及び景観計画の提案

　都市計画法及び景観法等において、土地所有者、まちづくりの推進を目的として設立されたＮＰＯ法人、都市計画協力団体として指定された住民団体等による都市計画及び景観計画の提案が認められている。都市再生法第６章第２節第１款に規定する都市計画及び景観計画の提案制度は、居住誘導区域における居住を誘導するため、居住誘導区域内において一定規模以上の住宅整備事業を行う者についても、事業を行うため必要な都市計画及び景観計画の提案を可能とするものである。

　都市計画の提案としては、住宅等の立地に伴い必要となる用途地域、市街地再開発事業、地区計画等に関する提案が想定され、例えば、良好な住宅地を整備・維持するため、地区計画を定めること等が考えられる。また、景観計画の提案としては、例えば、建築物の外壁や屋根の色彩を統一すること、建築物を道路からセットバックすること等の提案が想定される。

　（なお、具体的な運用に当たり留意すべき点については、「Ⅴ－４．都市再生法に規定

する都市計画の提案制度」及び景観法運用指針「Ⅴ－1－（4）－④住民等提案制度」を参照されたい。）

C　低未利用土地権利設定等促進計画
C-1　低未利用土地権利設定等促進計画についての基本的な考え方

　人口減少を迎えた地方都市等をはじめとする多くの都市において、都市機能誘導区域や居住誘導区域においてもスポンジ化が進行し、コンパクトなまちづくりの推進に当たって重大な支障となっている状況が見られる。低未利用土地の多くは、人口減少・高齢化による土地利用需要の低下を背景としつつ、地権者の利用動機が乏しい（例：相続等を契機に取得したものの、具体的な利用目的がなく、そのままにしておいても特に困らないからといった消極的な理由で保有される）ことなどを要因として発生・存続するものと考えられることから、その適切な対策のためには、地権者の発意に委ねるのではなく、行政が能動的に働きかけを行うことが有効である。

　このような観点から、都市機能誘導区域や居住誘導区域内の低未利用土地への対策を講じるに当たっては、あらかじめ、その利用及び管理に関する指針を定めた上で、必要に応じ、低未利用土地権利設定等促進計画制度を活用し、関係者間のコーディネートを通じて、誘導施設や住宅の立地誘導を図るための低未利用土地及び当該土地に存する建物についての権利設定等を促進することが重要である。

　特に、低未利用土地が一定の区画に小さな敷地単位で散在しているような場合には、低未利用土地を集約することでその利用可能性が高まることも考えられることから、土地の集約・再編を図る観点から、低未利用土地権利設定等促進計画の活用を積極的に検討することが考えられる。

C-2　民間活動との連携

　もとより低未利用土地は、市場での価値が低下し流通が期待できないものも多いことから、その利用促進のためには、当該低未利用土地について利用ニーズを有する民間まちづくり団体や住民団体等の意向を的確に捉え、具体的取組として顕在化させる視点が重要である。このような観点から、低未利用土地権利設定等促進計画の作成に当たっては、低未利用土地の利用等に係るノウハウや周辺住民のニーズ等について知見を有する都市再生推進法人や都市計画協力団体等との連携を図ることが望ましい。

　また、計画作成に際し、不動産取引に類する権利調整を伴う場合もあることから、専門的知見を有する不動産関係団体等と連携・協力することも考えられる。

C-3　関連する支援施策等との連携

　市町村長は、低未利用土地権利設定等促進計画の作成等に必要な限度で、その保有する低未利用土地及び低未利用土地に存する建物に関する情報を、その保有目的以外の目的のために内部で利用することができることとされている。このため、計画の対象となる低未利用土地について、登記簿によっても真の所有者を確認することができないなどの場合には、その所有者探索のため、必要に応じ、固定資産税の課税や地籍調査の実施に関して知り得た所有者情報を積極的に活用することが考えられる。

　このような計画制度の活用を通じて低未利用土地の利用が進められることにより、地域の賑わいが創出され、周辺における民間投資の誘発も期待される。このような観点も踏ま

え、計画に基づく事業の実施に当たっては、併せて、施設整備等に係る財政・金融上の支援制度や税制上の特例措置等を活用することが考えられる。

Ⅳ-2-5　協定制度及び法人制度による都市計画制度の運用
　これまでは、道路・公園等の公共施設や民間建築物等を整備することにより、まちづくりが行われてきた。しかし、人口減少や財政悪化等により開発需要が低下し、また、これまでに整備したインフラが老朽化することから、整備だけではなく、これらの施設等を如何に管理・運営するかという視点が重要となってきている。
　また、都市開発事業により整備される都市施設や公共公益施設等について、その確実な整備・管理だけでなく、社会経済情勢の変化に対応した他用途への変更等にも適切に対応していくことが重要となってきている。
　行政の厳しい財政状況、個人による管理・運営の困難さ、面的なマネジメントの必要性、社会経済情勢の変化への対応等を勘案すれば、
・　民間が保有している土地や整備した施設について、民間自らがその運営のルールを定め、安定的に確立された主体がその運営を担保すること
・　公共が整備した施設について、民間とともにその運営ルールを定め、安定的に確立された主体がその運営を担保すること
・　地域コミュニティの公共性の発揮やソーシャルキャピタルの醸成を図りながら、地域に必要な身の回りの施設を地域コミュニティ自らが整備し、安定的に管理・運営していくこと
・　都市計画に位置づけられる都市施設等について、都市計画決定権者である公共と施設を所有又は運営する民間の双方の意向をその整備・運営のルールとして反映できる仕組みを設けること
が重要となる。
　このような観点から、都市開発事業者、地域住民、NPO法人、地元企業など多様な民間主体が参画して整備・管理を行う各種の協定制度や、管理・運営主体としての法人制度が設けられているところである。協定制度と法人制度を別々に活用することも考えられるが、両者を一体的に活用することにより、より効果的な管理・運営が可能となるとともに、新しいソフトな都市計画の運用が可能となる。

１．都市施設等整備協定
（趣旨）
　都市施設等整備協定は、道路・公園等の都市施設や地区施設等を都市計画に位置づける際に、当該施設整備の円滑かつ確実な実施を図るため、都市計画決定権者と施設整備予定者との間で、都市計画決定前に締結する協定制度である。
（基本的な考え方）
　本協定は、行政がまちづくりを進める際に都市に必要と考える施設の整備を施設整備予定者に働きかけることを目的としており、例えば以下のような場合に、都市計画決定権者と施設整備予定者が、都市計画の内容も含めて話し合い、締結することが考えられる。
　１）駅前の歩行者デッキ等を地区施設として位置づける都市計画決定を行う際に、行

政は駅周辺の回遊性確保によるにぎわい向上の観点から、また駅周辺ビルの開発事業者は施設利用者の利便性向上の観点から、当該施設の整備、管理等について協定を締結する場合

2） 都市機能誘導施設として位置づけられた病院等を特定用途誘導地区を活用して誘導する際に、行政は当該施設を誘導すべき用途として都市計画に位置づける観点から、また当該施設の開発事業者は容積率規制等の緩和を受けて整備する観点から、当該施設の整備、管理等について協定を締結する場合

3） 都市再生特別地区において、都市再生の効果等を有する具体の取組について誘導すべき用途として位置付ける都市計画決定を行う際に、都市再生の効果等を社会経済情勢の変化に適切に対応させていく観点から、当該施設の整備や具体の取組の合理的な変更範囲、変更の際の手続き等について協定を締結する場合

4） 市街地再開発事業に公共施設として歩行者専用通路や広場等を位置付ける都市計画決定を行う際に、民間活力を活用した施設の整備及び利活用を図る観点から、当該施設の整備、管理等について協定を締結する場合

5） 開発許可が必要となる規模の病院等を都市施設として都市計画決定を行う際に、迅速な整備を進める観点から、事前に当該開発に係る開発許可権者の同意を得て協定を締結する場合

（配慮すべき事項）

1） 本協定制度においては、協定の目的となる施設に関する事項（位置、規模、整備時期、整備方法等）や協定違反時の措置などを記載する必要がある。

　ア 「都市施設等整備協定の目的となる都市施設等（協定都市施設等）」としては、都市計画において都市施設や地区施設、誘導用途等として位置付ける予定の施設等が考えられる。

　イ 「協定都市施設等の整備の実施時期」については、地域の合意形成や事業スケジュール等を踏まえ、実施に無理のない期間を定める必要がある。

　ウ 「協定都市施設等の用途の変更の制限や存置のための行為の制限に関する事項」は、整備された施設がなくなることによる地域の魅力・活力低下を避けるため、必要に応じて一定の行為を制限する事項を定めるものでる。

　エ 「都市施設等整備協定に違反した場合の措置」は、例えば、都市計画決定を行ったにも関わらず、施設整備予定者が協定どおりに当該施設の整備を行わない場合や、施設の維持を適切に行わない場合などについて、あらかじめ当事者間で対応ルールを定めることなどが考えられる。

2） 本協定は都市計画決定権限者と施設整備予定者の双方が、その合意の下で双方に義務を負うものであり、都市計画決定に当たって必ずその協定締結を求めるものではなく、民間事業者に対して過度な負担とならないよう留意する必要がある。また、締結した協定は公告・縦覧し、協定に基づく都市計画の案を作成した上で、適当な時期までに都市計画審議会へ付議する必要があることに留意する必要がある。

3） 協定内容を都市計画決定後に見直す場合、当該協定を前提に都市計画が決定されているものであるという位置づけを踏まえると、都市計画決定後に協定内容を見直す

場合であっても公告・縦覧の必要性に変わりはない。都市計画決定権者においては、協定を見直す内容と都市計画決定事項との関係性等を勘案して、必要に応じて都市計画審議会への説明を行うなど、手続きの透明性を確保するよう努めるべきである。
4） 開発許可が必要となる都市施設等の整備については、施設整備を迅速に進める観点から、あらかじめ開発許可権者から同意を得ることで、当該施設整備について定められた協定の公告をもって、開発許可を得たものとみなすこととしているが、開発許可権者が同意する開発行為には、良好な宅地水準の確保という観点から、都市計画法第33条第1項に掲げられた基準への適合が求められるものであることに留意すべきである。

２．立地適正化計画に基づく協定
（１）立地誘導促進施設協定
（基本的な考え方）

立地適正化計画制度に基づく都市機能や居住の誘導方策がより効果を発揮するためには、都市機能誘導区域や居住誘導区域において、良好な市街地環境が形成され、一定の生活利便性が確保されることが重要である。立地誘導促進施設協定は、地域の幅広いニーズに対応しながら、地域コミュニティによって、身の回りの生活利便性確保のための公共的な施設等を整備又は管理していくための協定制度である。

立地適正化計画に記載された立地誘導促進施設協定区域内の一団の土地の所有者及び借地権等を有する者が、例えば、
・レクリエーションの用に供する広場
・地域における催しに関する情報を提供するための広告塔
・良好な景観の形成又は風致の維持に寄与する並木
など、居住者、来訪者又は滞在者の利便の増進に寄与する施設等であって、居住誘導区域にあっては住宅の、都市機能誘導区域にあっては誘導施設の立地の誘導の促進に資するものを、地域に必要なものとして一体的に整備又は管理するために必要となる費用負担等の役割分担等を協定に定めるものである。

（協定記載事項）

立地誘導促進施設協定では、協定の目的となる土地の区域、立地誘導促進施設の種類及び位置、立地誘導促進施設の一体的な整備は又は管理に関する事項のうち必要なもの、有効期間、協定に違反した場合の措置を記載する必要がある。
ア 協定区域については、区域を明確にするよう地番等の事項を記載するとともに、立地誘導促進施設の位置に関する情報を含め、必要に応じ図面等を添付することが望ましい。また、立地誘導促進施設の種類としては、例えば、広場、公園、集会所、防犯灯など、社会通念上その施設の用途が特定できる程度の具体性をもって定めることが望ましい。
イ 立地誘導促進施設の一体的な整備は又は管理に関する事項のうち必要なものについては、立地誘導促進施設の概要及び規模、一体的な整備又は管理の方法、その他立地誘導促進施設の一体的な整備又は管理に関する事項を記載することが考えられる。
ⅰ 立地誘導促進施設の概要は、立地誘導促進施設を整備又は管理する目的や必要性

を判断するため、例えば、レクリエーションを行うための広場や縁日等の地域の催しを行うための集会所など、施設の利用目的や利用方法を定めることが考えられる。また、規模については、広場を整備する面積や集会所の収容人数等を定めることが考えられる。

ⅱ 立地誘導促進施設の一体的な整備又は管理の方法は、立地誘導促進施設の整備や整備後の日常的な清掃、警備等に当たっての、関係者間の役割分担、方法、工程等を定めることが考えられる。

ⅲ その他立地誘導促進施設の一体的な整備又は管理に関する事項は、立地誘導促進施設の整備又は管理に係る費用負担等のルールや立地誘導促進施設の整備に伴って必要となるプランターや自転車駐輪器具等の整備又は管理に関する事項を定めることが考えられる。また、費用負担については、例えば、自治会等の地域コミュニティがその会員等から会費等を得て空き地を広場として整備又は管理するといったことが想定される。

ウ 有効期間は、数年程度から30年程度まで立地誘導促進施設の種類に応じて柔軟に定めることが考えられる。なお、市町村長の認定を受けた協定には承継効が生じることから、協定締結者たる土地所有者等の将来の土地利用意向等も踏まえた上で、期間を具体的に定めることが望ましい。

エ 協定に違反した場合の措置は、例えば、違約金の支払いや違反行為の差し止め、現状の回復に関する事項を定めることが考えられる。他方、違反した者に対し過度の制約を課すことにならないよう、合理的な範囲内でその内容を定めるべきである。

（配慮すべき事項）

協定の締結には、協定区域内の土地の所有者及び借地権等を有する者の全員の合意を得る必要があるが、協定に定められた内容のみならず、市町村長の認定を受けた協定には承継効が生じ、協定締結者たる土地の所有者及び借地権等を有する者に変更があった場合にもその効力が継続するという点も含めて、あらかじめ当事者間で確認した上で合意を得るべきである。

協定の対象となる立地誘導促進施設には、先に例示したもののほか様々なものが考えられるが、その整備に当たっては、低未利用土地を含め、土地の集約・再編等を場合も想定されることから、必要に応じ、協定の締結に併せて、低未利用土地権利設定等促進計画や土地区画整理事業等の関連制度を積極的に活用することも考えられる。

（立地誘導促進施設協定に係る市町村の対応）

立地誘導促進施設協定では、その隣接地において適切な施設の整備又は管理がなされることにより、地域価値の一層の向上が期待できる場合が想定される。

このような観点から、協定の締結者が、協定区域の隣接地の所有者に対し協定への参加を求めた場合において、参加を求められた者が承諾しない場合には、当該協定を締結している土地所有者等の全員の合意により、市町村に対し、その者の承諾を得るために必要なあっせんをなすべき旨を申請することができることとしている。

市町村長は、当該協定の運用状況等を踏まえ、隣接地の所有者が協定へ参加することが当該協定の目的を達成する上で特に重要であるなどの場合には、あっせんを行うこと

ができる。この際、あっせんの対象となる土地の所有者等と十分な意見交換が行われているか、これらの者の意向が十分尊重されるかといった点にも留意することが必要である。
さらに、
・地域のニーズに応じてその地域における誘導施設や住宅の立地誘導を促進する施設を選定し、必要とされる量・種類の施設を整備又は管理するため、当該施設の整備又は管理に係る取組の熱意や個々人の健康、資力等が時間経過、世代交代等により容易に変わることが想定され、不断の努力を継続しなければ協定の目的を達成することができなくなる可能性があること
・立地適正化計画は、中長期的な視点に基づいて都市機能や居住の誘導を図るものであるため、それらの誘導の達成状況や、人口動態などの社会経済的状況の変化に応じて、市町村において随時その内容を見直すことが念頭に置かれているものであることから、市町村は、認可をした協定の内容が認可基準のいずれかに該当しなくなったときは当該協定の認可を取り消すものとしている。

（立地誘導促進施設協定に係る法令上の特例）
　市町村長の認定を受けた協定には承継効が生じ、協定締結者たる土地の所有者及び借地権等を有する者に変更があった場合にもその効力が継続する。協定の締結に際しては、あらかじめこのような点についても関係者間で確認しておくべきである。
（２）跡地等管理協定
　（略）

3．その他の協定制度
　上記の都市施設等整備協定や立地誘導促進施設協定、跡地等管理協定のほか、都市再生法では、都市再生整備計画区域において、都市利便増進協定や都市再生整備歩行者経路協定、低未利用土地利用促進協定といった協定制度を措置している。
（１）～（３）　（略）

4．都市計画協力団体
　質の高いまちづくりを実現するためには、空き地や空き家等の低未利用土地の存在など、身の回りの課題に対処する地域住民の主体的かつ公共的な取組を促進することにより、地域の状況をきめ細やかに把握している住民団体や商店街組合等と行政とが協同することが不可欠である。
　このため、市町村は、このような団体を都市計画協力団体に指定し、まちづくりの気運醸成と、地域の特性に応じた都市計画づくりを図ることが望ましい。
　都市計画協力団体は、都市計画の決定等の手続きを行う市町村に協力し、住民の土地利用に関する意向その他の事情の把握、都市計画の案の内容となるべき事項の周知その他の協力等の業務を行うこととされている。具体的には、
・　住民参加のワークショップの開催等の地域住民等と都市計画とをつなぐ活動
・　ウェブサイト等を活用した都市計画の案の周知
・　低未利用土地の所有者等に対する土地利用の方法に関する提案
・　低未利用土地の利活用に関して専門的知識を有する者の派遣や、先進的取組の紹介

など、都市計画決定権者が行う都市計画決定等に関する取組への参画に関連する業務を行うものである。

市町村は、法第75条の5の規定に基づき、まちづくり会社やNPO等の法人格を持った団体に加え、住民団体や商店街組合等の法人格を持たない地域に根ざした団体等のうち、人材・ノウハウ等の観点から、まちづくりに関連する業務を適正かつ確実に行うことができると認められる者を都市計画協力団体として指定することができる。

こうした趣旨に鑑み、地域特性・実情に応じたまちづくりを行う際には、都市計画協力団体も活用しながら、民間事業者の能力を可能な限り活用して実施することが望ましい。

5．都市再生推進法人

都市再生推進法人は、
・ 都市再生整備計画の区域における都市開発事業や、居住誘導区域内における住宅の整備に係る都市開発事業
・ 誘導施設や公共施設等の整備

などの施設整備のみならず、
・ 公共施設等の管理
・ 都市利便増進協定に基づく都市利便増進施設の管理
・ 低未利用土地利用促進協定に基づく居住者等利用施設の管理
・ 跡地等管理協定に基づく跡地等の管理

などの管理も含めて、幅広くまちづくりに関連する業務を行うものである。

また、都市再生推進法人は、低未利用土地の利用・管理に関する事業等を行うことができることとしているが、これは、自ら低未利用土地を利用する場合のほか、低未利用土地の利用に係る土地所有者等と利用を希望する者とのコーディネートを行うことや、低未利用土地を一時的に保有・管理し、その土地を有効に利用できる者が現れた際に、その者に適切に引き継ぐことなどを想定しているものである。

市町村は、都市再生法に基づき、まちづくり会社やNPO法人等のうち、人材・ノウハウ等の観点から、まちづくりに関連する業務を適正かつ確実に行うことができると認められる者を都市再生推進法人として指定することができる。

こうした趣旨に鑑み、都市再生法に基づく立地の適正化や低未利用土地対策も含めまちづくりを行う際には、都市再生推進法人も活用しながら、民間事業者の能力を可能な限り活用して実施することが望ましい。

Ⅴ．都市計画決定手続等

1．都市計画決定手続に係る基本的考え方

近年、行政一般に対して、行政手続の透明化や情報公開、説明責任の遂行が求められており、都市計画のように国民の権利義務に直接影響を与えることとなる行政手続については、特にその要請が高まっている。

また、環境問題や少子・高齢化問題に対する関心が高まる中で、住民自らが暮らす街の在り方についてもこれまで以上に関心が高まっており、都市計画に対して住民自らが主体的に参画しようとする動きが広がっているところである。

さらに、質の高いまちづくりを推進するためには、地域の実情をきめ細かに把握し、身の回りの課題に自ら対処しようとする住民団体等の主体的な取組を後押しするなど、民間と行政との連携・協働を促進することが重要である。
　このため、今後の都市計画決定手続においては、以上のような状況を十分踏まえ、都市計画に対する住民の合意形成を円滑化し、都市計画の確実な実現を図る観点から、これまで以上に都市計画決定手続における住民参加の機会の拡大、都市計画に係る情報公開及び理由の開示等に意を用いていくべきである。

２．個別の都市計画決定手続等について

（地区計画等の案の作成等）
　住民に最も身近な都市計画である地区計画等については、区域内の詳細な土地利用、施設等に関する計画であり、土地の所有者等に具体的な制限・負担が課せられる場合があることから、土地の所有者等の利害関係者から意見を求めて作成することに加え、市町村の条例で、住民又は利害関係人から地区計画等の決定若しくは変更又は地区計画等の案となるべき事項を申し出る方法についても定めることができることとされている。
　申出の方法を条例で定めることができることとされているのは、地区計画等の作成が市町村の自治事務であることから、申出の方法についても市町村の判断によることとしたものであり、法第16条第３項が地区計画等の作成における住民参加を実効性あるものとすることを目的として規定されていることに鑑みれば、市町村においては、申出の方法を条例に定め、積極的に住民参加を促すことが望ましい。
　また、低未利用土地を利用した身の回りの公共空間の創出など、良好な住環境を維持するための小規模な地区計画等については、提案制度の面積要件（0.5ヘクタール）が課されていない都市計画協力団体による提案が有効である。

（都市施設等整備協定の締結）
　都道府県又は市町村は、都市施設等の整備に係る都市計画の案を作成しようとする場合において、当該都市施設等の円滑かつ確実な整備を図るために特に必要と認めるときは、当該都市施設等の整備予定者との間において、対象となる施設、その位置・規模・構造、整備の実施時期、違反した場合の措置等の事項を定めた都市施設等整備協定を締結することができることとされている。
　都道府県又は市町村は、協定を締結したときは、その旨を公告し、協定の写しを公衆の縦覧に供するとともに、協定の内容に従って都市計画の案を作成し、都道府県都市計画審議会又は市町村都市計画審議会に付議しなければならないこととされている。
（以下、略）

（都道府県都市計画審議会及び市町村都市計画審議会の調査審議等について）
　都道府県都市計画審議会及び市町村都市計画審議会は、都市計画法その他法令でその権限に属せられた事項の調査審議のほか、都道府県知事又は市町村長の諮問に応じ都市計画に関する事項の調査審議等を行うこととされており、地方における都市計画に関し各種の提言を行うことが法令上期待されている。
　また、都市計画に関する事項については、住民の意見とともに、公正かつ専門的な第三者の意見を踏まえて立案していくことが、都市計画に対する住民の合意形成を円滑化する

とともに、都市計画の着実な実施を図る観点から重要となってきている。
　このため、今後、都市計画に関する案の作成の前段階その他都市計画決定手続以外の場面においても、都道府県都市計画審議会及び市町村都市計画審議会から意見を求めていくことが望ましい。意見を求める事項としては、例えば、以下のようなものが考えられる。
・　都市計画区域マスタープラン又は市町村マスタープランの案の作成
・　都市計画の決定手続に関する事項に係る条例の案の作成
・　基礎調査の解析結果等都市計画に関する情報提供の在り方　　　等
　これらの審議に当たっては、さまざまな都市のデータの空間分布や時系列的な推移が視覚的に把握できることがその議論を深めるためにも有効であると考えられることから、必要に応じ、都市構造を可視化するツール等を活用することも考えられる。
　また、平成26年の都市再生法の改正により、市町村都市計画審議会に新たな役割が追加された。すなわち、市町村が立地適正化計画について調査、分析及び評価を行った場合に、その結果を市町村都市計画審議会に報告する義務が課せられるとともに、市町村都市計画審議会はその報告について市町村に意見を述べることが可能となっている。また、市町村都市計画審議会が、必要に応じて市町村に対して立地適正化計画の進捗状況について報告を求めることも可能である。このように、市町村都市計画審議会は、都市計画の作成等について受動的に審議するだけではなく、市町村の施策についてフォローアップを行うことも可能となっている。
（以下、略）

（都市計画に関する人材育成、専門家及び都市計画協力団体の活用）
　住民の主体的な参画によるまちづくりを進めるためには、都市計画に関する知識の普及及び情報の提供に努めるとともに、まちづくり活動への支援、住民からの意見の聴取、ワークショップの開催といったきめ細かいフィードバック作業を積み重ねて、合意形成を図っていくことが重要である。
　このため、地方公共団体においては、都市計画に関する幅広い知識、経験を有する人材の育成を図り、執行体制の充実を図ることが望ましい。
　また、地方公共団体における執行体制が必ずしも十分でない場合には、都市計画の専門家を活用することも有効であり、例えば、豊富な知識や経験が必要とされるマスタープランの案の作成、地区計画の案の作成等を行うに当たっては、地方公共団体が有するまちづくりの基本的な方向を十分理解している専門家から具体的な提案を受けて都市計画の案を作成することが望ましい。
　さらに、職員数の削減等により、地域の細やかなニーズの把握や都市計画の内容の住民への周知等が困難になってきている場合には、地域における土地利用の実情等に明るい住民団体や商店街組合等を都市計画協力団体として指定し、その協力を得ながら、より地域住民の意向に沿ったまちづくりに取り組むことが望ましい。これに関して、地方公共団体は、都市再生法第109条の5第1項に規定する援助として低未利用土地の利用の方法に関する提案又はその方法に関する知識を有する者の派遣を行うため必要があると認めるときは、都市計画協力団体に必要な協力を要請することができることとしている。
（以下、略）

3．都市計画の提案制度
（都市計画の提案制度の基本的考え方）
　近年、まちづくりへの関心が高まる中で、都市計画への関心も高まり、住民やまちづくりNPO等が主体となったまちづくりに対する多くの取組が見受けられるようになった。法第21条の2から第21条の5まで及び第75条の9に規定する都市計画の提案制度は、住民等が行政の提案に対して単に受身で意見を言うだけではなく、より主体的かつ積極的に都市計画に関わっていくことを期待し、また可能とするための制度として創設されたものである。これは、都市計画制度の沿革の中で、まちづくりのきっかけを誰がつくるのかというイニシアティブを行政のみならず住民等もとることが可能となったという点で画期的な変革と位置付けられる。
　提案制度は、これを契機として、まちづくりや都市計画に対する住民の関心を高め、主体的かつ積極的な住民参加が促されるものであり、この制度の普及や積極的な活用を図ることを手段として、まちづくりへの住民参加の在り方自体をより実質的なものへと高めていくことが期待されている。例えば、住民に最も身近な都市計画である地区計画制度と提案制度をあわせて活用することにより、身近な生活環境に対する住民の意向を地区計画の提案という形で行政に示すことも可能となるなど、こうした取組によって、まちづくり全体の有様についてより広範に住民の合意形成が図られることも期待されるものである。<u>また、都市計画協力団体として市町村長に指定された住民団体、商店街組合等については、良好な住環境を維持するための地区計画など、身の回りの課題に対処する小規模な計画提案も可能である。</u>
　制度の運用に当たっては、このような制度の趣旨を十分踏まえ、住民等の都市計画に対する能動的な参加を促進するための取組を行うとともに、住民等からの発意を積極的に受け止めていく姿勢が望まれるものである。
（都市計画の提案制度の運用に当たり留意すべき事項について）
　（1）提案権者の範囲について
　都市計画の提案制度においては、当該提案に係る土地の所有者等、まちづくりNPO等に加え、独立行政法人都市再生機構、地方住宅供給公社、まちづくりの推進に関し経験と知識を有するものとして一定の開発事業の実績を有する等の要件を満たす団体のほか、<u>都市計画協力団体として市町村長に指定された住民団体、商店街組合等についても、提案を行うことができる</u>こととされている。
　（以下、略）
　（2）提案の要件等
　都市計画の素案の内容は、法第13条その他の法令の規定に基づく都市計画に関する基準に適合するものであることとされているが（法第21条の2第3項第1号）、ここでいう「その他の法令に基づく都市計画に関する基準」には、法第6条の2第3項（都市計画区域マスタープラン）、第7条の2第2項（都市再開発方針等）等のほか、再開発法第3条（第一種市街地再開発事業の施行区域の要件）等の法以外の法令に定めるものも含まれるものである。
　（略）

都市計画決定権者は、特に必要があると認められるときは、条例で、区域又は提案に係る都市計画の種類を限り、0.1ヘクタール以上0.5ヘクタール未満の範囲内で、提案に係る規模を別に定めることができることとされているが（令第15条の2）、これは、地域によっては0.5ヘクタール以下の小規模な土地の区域を対象とした都市計画事業や地域地区等もあり得ることから、これらの現況や将来の見通し等を勘案して、特に必要があると認めるときには、当該区域に係る提案について規模要件を引き下げることができることとしているものである。令第15条の2に定める条例については、このような趣旨を踏まえて定めるべきである。

なお、都市計画協力団体による都市計画の提案については、提案制度の面積要件（0.5ヘクタール）が課されていない。
（以下、略）
（3）（略）

4．都市再生法に規定する都市計画の提案制度
（都市再生法に規定する都市計画の提案制度の基本的考え方）
（略）
（都市計画の提案制度の運用に当たり留意すべき事項について）
（1）提案の要件等

都市計画の決定等の提案を行うことができる者は、具体的には、① 都市再生事業を行おうとする者、② 都市再生事業の施行に併せて行われる都市再生事業外の公共公益施設整備事業を行おうとする者、③ ①又は②により整備された公共公益施設を再整備する事業を行おうとする者が考えられる。ここで、③の者が、過去の都市再生事業に伴い公共貢献として整備した公共公益施設を再整備する事業のために行う都市計画の決定等の提案は、当該公共公益施設の竣工後一定期間が経過し社会経済情勢の変化に伴うニーズの変化に柔軟に対応した再整備が必要であること、当該公共公益施設と同等の公共貢献となる新たな公共公益施設の再整備を行うものであることを示して行うべきである。

また、計画提案者が都市計画決定権者に提出しなければならない図書について、都市再生特別措置法施行規則第7条に規定されているところであるが、このうち②及び③の者が提出しなければならない同条第1項第2号ニに規定する図書については、既に都市計画決定権者が同等の図書を有している場合等、都市再生法第37条及び同法施行令第7条第3項に規定する要件に該当するか否かの判断に支障がないときは、都市計画決定権者は同法施行規則第7条第2項の規定に基づき図書の添付を省略させることが望ましい。

都市計画の素案の内容は、法第13条その他の法令の規定に基づく都市計画に関する基準に適合するものであることとされているが（都市再生法第37条第2項第1号）、ここでいう「その他の法令に基づく都市計画に関する基準」には、法第6条の2第3項（都市計画区域マスタープラン）、第7条の2第2項（都市再開発方針等）等のほか、再開発法第3条（第一種市街地再開発事業の施行区域の要件）等の法以外の法令に定めるものも含まれるものである。また、都市再生緊急整備地域の地域整備方針（都市再生法第15条）は、法第13条第1項に規定する国の定める地方計画に該当するものであり、都市再生法第37条第2項第1号に規定する都市計画に関する基準に該当するものである。

(以下、略)
（２）　（略）

Ⅵ．都市計画基礎調査
１．（略）
２．調査結果の活用
　都市計画基礎調査は、調査結果のデータやその変化を把握するにとどまらず、都市の持続性や生活の質について、現況及び将来の見通しを客観的に評価するために活用することが重要である。
　評価に当たっては、都市計画の目標等の達成状況が客観的・定量的に確認でき、「経済」、「社会」、「環境」の視点など住民に分かりやすい評価指標を設定することが望ましい。時間軸に沿った変化を重視したシナリオ型の評価を行うことも考えられる。
　評価を行う際には、都市計画審議会の意見を聴くなど第三者機関を活用することも考えられる。
　調査結果は、都市計画の案の作成に<u>当たっての根拠とするだけではなく、立地適正化計画策定や事業実施等各種まちづくりの施策の各過程において、現状把握や分析、評価に積極的に利用することが望ましい。また、都市防災、福祉、環境など都市計画以外の行政分野でも幅広く利用することが考えられる。さらに、都市計画に関する理解増進や住民によるまちづくり活動の推進、民間事業での利用による地域経済の活性化、都市構造に関する他の都市との比較による具体的な課題の把握や対応策の立案、その他社会問題の解決に資するため、都市計画基礎調査情報について、個人情報保護等の観点にも適切に配慮しつつオープン化することにより、その利用・提供を進めることが望ましい。</u>
　こうしたデータの集計・分析や幅広い利用のため、<u>ＧＩＳ（地理情報システム）を活用することが望ましい。</u>

16．固定資産税の課税のために利用する目的で保有する低未利用土地等の所有者に関する情報の内部利用について

> 平成30年7月13日
> 国都計第35号
> 国土交通省都市局都市計画課長から
> 各都道府県・政令市　都市計画主管部局長あて通知

　人口減少を迎えた地方都市等をはじめとした多くの都市において、空き地、空き家等の低未利用の空間が時間的・空間的にランダムに発生する「都市のスポンジ化」が進行しており、コンパクトなまちづくりの推進に重大な支障となっている状況を踏まえ、低未利用

第6章　参考資料

　土地の集約等による利用の促進等の施策を推進するために必要な事項等を盛り込んだ都市再生特別措置法等の一部を改正する法律（平成30年法律第22号。以下「改正法」という。）が平成30年4月25日に公布され、平成30年7月15日から施行されることとなります。

　改正法の施行により、市町村長は、低未利用土地及び低未利用土地に存する建物（以下「低未利用土地等」という。）に関する情報を内部で利用することができることとなりますが、これを受け、今後、市町村の都市計画に関する施策を担当している部局（以下「都市計画担当部局」という。）が行う固定資産税の課税のために利用する目的で保有する低未利用土地等に関する情報の内部利用の取扱いについては、その適切かつ円滑な実施に向け、下記事項にご配慮いただくとともに、貴管内市町村（政令市を除く。）に対しても周知いただきますようお願いいたします。

　なお、このことについては総務省自治税務局とも協議済みであることを申し添えます。

記

1　内部で利用することが可能な情報について

　市町村長は、改正法による改正後の都市再生特別措置法（平成14年法律第22号）（以下「改正後の法」という。）第109条の12の規定に基づき、市町村の税務部局が地方税に関する調査等に関する事務に関して知り得た情報のうち、固定資産税の課税のために利用する目的で保有する情報であって改正後の法第46条第17項に規定する低未利用土地及び低未利用土地に存する建物に関する情報（具体的には、低未利用土地等の所有者（納税義務者）又は必要な場合における納税管理人の氏名又は名称並びに住所及び電話番号といった事項に限られる。）のうち不動産登記簿情報等として一般に公開されていないもの（以下「固定資産税関係所有者情報」という。）について、地方税法第22条の守秘義務に抵触することなく、改正後の法第五節（低未利用土地権利設定等促進計画等）の規定の施行に必要な限度において、内部で利用することが可能である。

　なお、不動産登記簿情報等、一般に公開されている情報については、従前どおり、地方税法第22条の守秘義務に抵触することなく、利用することが可能である。

2　内部で利用するに当たっての手続

　市町村の都市計画担当部局が固定資産税関係所有者情報の提供を求める際には、書面により、低未利用土地等の敷地の地番その他当該低未利用土地等の所在地を確認できる情報を税務部局に提供した上で提供を求めるなど、照会の方法を事前に税務部局と調整の上、行うものとする。

3　把握した情報の活用

　1により固定資産税関係所有者情報を都市計画担当部局が利用することができるのは、改正後の法第五節（低未利用土地権利設定等促進計画等）の規定の施行に必要な限度においてであり、例えば、都市計画担当部局が低未利用土地等に係る固定資産税の納税義務者本人又は必要な場合における納税管理人に対し、低未利用土地等の所有者を確認するために連絡をとる場面において固定資産税関係所有者情報を活用することは可能であるが、納

税義務者本人又は必要な場合における納税管理人以外に固定資産税関係所有者情報を漏らす行為は、改正後の法第五節の規定の施行のために必要な限度においての利用とは解されない。

なお、正当な理由なく固定資産税関係所有者情報を漏らす行為は、地方公務員法第34条の守秘義務に違反することにも留意が必要である。

17. 地籍調査により把握・保有された低未利用土地の所有者等に関する情報の内部利用について

> 平成30年7月13日
> 国都計第36号
> 国土交通省都市局都市計画課長から
> 各都道府県・政令市　都市計画主管部局長あて通知

人口減少を迎えた地方都市等をはじめとした多くの都市において、空き地、空き家等の低未利用の空間が時間的・空間的にランダムに発生する「都市のスポンジ化」が進行しており、コンパクトなまちづくりの推進に重大な支障となっている状況を踏まえ、低未利用土地の集約等による利用の促進等の施策を推進するために必要な事項等を盛り込んだ都市再生特別措置法等の一部を改正する法律（平成30年法律第22号。以下「改正法」という。）が平成30年4月25日に公布され、平成30年7月15日から施行されることとなります。

改正法の施行により、市町村長（特別区の区長を含む。以下同じ。）は、低未利用土地に関する情報を内部で利用することができることとなりますが、これを受け、今後、市町村（特別区を含む。）の都市計画担当部局が地籍調査により把握・保有された低未利用土地の所有者その他の利害関係人又はこれらの者の代理人（以下「所有者等」という。）に関する情報を内部利用する場合の取扱いについては、その適切かつ円滑な実施に向け、下記事項にご配慮いただくとともに、貴管内市町村（特別区を含み、政令市を除く。）に対しても周知いただきますようお願いいたします。

なお、このことについては国土交通省土地・建設産業局地籍整備課とも協議済みであることを申し添えます。

記

1　内部で利用することが可能な情報について
　　市町村長は、改正法による改正後の都市再生特別措置法（平成14年法律第22号）（以下「改正後の法」という。）第109条の12の規定に基づき、改正後の法第46条第17項に規定

する低未利用土地に関する情報であって、市町村（特別区を含む。以下同じ。）の地籍調査担当部局が地籍調査に関する事務において知り得た情報（具体的には、地籍調査作業規程準則（昭和32年総理府令第71号）第18条に基づき作成される地籍調査票に立会人として記載された所有者等（以下「立会人」という。）の氏名及び住所等といった事項が該当する。）のうち一般に公開されていないもの（以下「地籍調査関係所有者等情報」という。）について、改正後の法第五節（低未利用土地権利設定等促進計画等）の規定の施行に必要な限度において、内部で利用することが可能である。

2 内部で利用するに当たっての手続

市町村の都市計画担当部局が低未利用土地に係る地籍調査関係所有者等情報の提供を求める際には、書面により、当該低未利用土地の所在地を確認できる情報を地籍調査担当部局に提供した上で提供を求めるなど、照会の方法を事前に地籍調査担当部局と調整の上、行うものとする。

3 把握した情報の活用

1により地籍調査関係所有者等情報を都市計画担当部局が利用することができるのは、改正後の法第五節（低未利用土地権利設定等促進計画等）の規定の施行に必要な限度においてであり、例えば、都市計画担当部局が低未利用土地に係る地籍調査票に記載された立会人に対し、当該低未利用土地の所有者等に関する情報を確認するために連絡をとる場面において地籍調査関係所有者等情報を活用することは可能であるが、当該立会人以外に地籍調査関係所有者等情報を漏らす行為は、改正後の法第五節の規定の施行のために必要な限度においての利用とは解されない。

なお、正当な理由なく地籍調査関係所有者等情報を漏らす行為は、地方公務員法第34条の守秘義務に違反することにも留意が必要である。

18．立体道路制度の運用について（技術的助言）

> 平成30年7月13日
> 国都計第51号・国都市第46号・国道利第10号・国住街第114号
> 国土交通省都市局長　道路局長　住宅局長から
> 各都道府県知事　各政令指定都市の長あて通知

今般、都市再生特別措置法等の一部を改正する法律（平成30年法律第22号）は、本年4月25日に公布され、7月15日から施行されます。

この改正により、これまで自動車のみの交通の用に供する道路及び自動車の沿道への出入りができない高架その他の構造の道路に限定されていた地区計画による立体道路制度について、近年、地方都市においてもその活用ニーズが認められること等から、都市計画区域内の全ての道路を対象として、市街地の環境を確保しつつ、適正かつ合理的な土地利用

の促進と都市機能の増進とを図るため、道路の上空又は路面下において建築物等の建築又は建設を行うことが適切であると認められるときは、適用できることとされたところです。

今後の立体道路制度の活用について、地方自治法（昭和22年法律第67号）第245条の4第1項の規定に基づく技術的助言として下記のとおり通知いたしますので、改正法の施行に当たっては、下記の点に留意のうえ、適切な運用を図っていただきますようお願いいたします。

なお、「立体道路制度の運用について」（平成26年6月30日付け国都計第64号、国都市第58号、国道利第7号、国住街第68号国土交通省都市局長、道路局長、住宅局長通知）を廃止します。

また、都道府県におかれては、この旨を貴管内市町村（政令指定都市を除く。）に対して、周知いただくようお願いいたします。

記

第1　立体道路制度について

　　立体道路制度は、良好な市街地環境を維持しつつ適正かつ合理的な土地利用を促進するため、道路法（昭和27年法律第180号）に基づき道路の区域を空間又は地下について上下の範囲を定めたもの（以下「立体的区域」という。）とすることに併せて、都市計画法（昭和43年法律第100号）又は都市再生特別措置法（平成14年法律第22号）に基づき、良好な市街地環境の形成を図るため、地区計画又は都市再生特別地区に関する都市計画に、道路の区域のうち建築物等の敷地として併せて利用すべき区域（以下「重複利用区域」という。）及び当該区域内における建築物等の建築又は建設の限界を定めるとともに、建築基準法（昭和25年法律第201号）に基づき道路内建築制限の合理化を図ること等により、道路の上下の空間に建築物等を建築又は建設できるようにすることとした制度である。

　　地区計画による立体道路制度は、都市計画区域内において市町村マスタープラン（都市計画法第18条の2）等に示される当該地区の望ましい市街地像を実現するために土地の有効利用を図るとともに、中心市街地の活性化やバリアフリー社会への対応など都市機能の増進を図ることを目的とするものである。

　　また、都市再生特別地区による立体道路制度は、都市再生緊急整備地域において、都市開発事業等を通じて、都市の再生の拠点として都市の魅力や国際競争力の強化等に資する公共公益施設等を整備し、土地の合理的かつ健全な高度利用を図ることを目的とするものである。

第2　道路の適正な上下空間活用について

　　立体道路制度の適用に当たり、道路管理者は、道路構造の保全や維持修繕・更新への確実な対応、交通の危険防止等を勘案し、立体的区域の決定、必要と認められる場合の道路保全立体区域の指定及び道路一体建物を建築する場合の道路一体建物に関する協定の締結等を適切に行うこと。

第3 適正かつ合理的な土地利用の推進について

立体道路制度の適用に当たっては、第1に示す制度の趣旨を踏まえ、地区計画又は都市再生特別地区に関する都市計画において重複利用区域及び当該区域内における建築物等の建築又は建設の限界を定めるとともに、周辺の土地利用の動向、公共施設の整備状況等を勘案し、当該区域の特性に応じて必要な事項を定めることにより、適正かつ合理的な土地利用の促進、都市機能の増進及び良好な市街地環境の確保に努めることが望ましい。

第4 市街地再開発事業における立体道路制度の活用について

都市再開発法（昭和44年法律第38号）において、市街地再開発事業について施設建築敷地の上の空間又は地下に道路を設置し、又は道路が存するように定める場合の特例措置が講じられているので、必要に応じて市街地再開発事業において立体道路制度を活用することにより、道路と施設建築物を一体的に整備し、良好な市街地環境の形成を図りつつ、市街地の土地の合理的かつ健全な高度利用と都市機能の更新を図るとともに、適正かつ合理的な土地利用の促進を図ることが望ましい。

第5 道路内建築制限の合理化等について

立体道路制度により、地区計画又は都市再生特別地区の区域のうち重複利用区域として定められている区域内の道路の上空又は路面下においては、地区計画又は都市再生特別地区に関する都市計画の内容に適合し、かつ、建築基準法施行令（昭和25年政令第338号）第145条第1項に定める基準に適合する建築物で特定行政庁が安全上、防火上及び衛生上支障がないと認めるものが建築できることから、当該認定は、具体の建築計画の内容、周辺市街地の状況等を総合的に判断して、良好な市街地環境を確保しつつ適正かつ合理的な土地利用が促進されるよう適切な運用を図るべきである。

特に、市街地における既存の道路に重複利用区域を定める場合には、重複利用区域内の道路が建築基準法第43条第1項の規定に基づく接道の対象となる道路から除かれること等を踏まえ、既存の建築物に係る建築基準法上の道路関係規定その他の規定に不適合が生じることがないよう十分留意すべきである。

19. 立体道路制度の運用について（技術的助言）

> 平成30年7月13日
> 国都計第52号・国都市第47号・国道利第11号・国住街第115号
> 国土交通省都市局都市計画課長　都市局市街地整備課長　道路局路政課長　住宅局市街地建築課長から
> 各都道府県担当部長　各政令指定都市担当局長あて通知

標記については、平成30年7月13日付け国都計第51号、国都市第46号、国道利第10

号、国住街第114号をもって都市局長、道路局長及び住宅局長から通知されたところですが、さらに、地方自治法（昭和22年法律第67号）第245条の４第１項の規定に基づく技術的助言として下記のとおり通知いたしますので、下記の点に留意のうえ、適切な運用を図っていただきますようお願いいたします。

なお、「立体道路制度の運用について」（平成26年６月30日付け国都計第65号、国都市第59号、国道利第８号、国住街第69号、都市局都市計画課長、都市局市街地整備課長、道路局路政課長、住宅局市街地建築課長通知）及び「立体道路制度の運用について」（平成30年２月２日付け国都計第114号、国都市第92号、国道利第12号、国住街第190号、都市局都市計画課長、都市局市街地整備課長、道路局路政課長、住宅局市街地建築課長通知）を廃止します。

また、都道府県におかれては、この旨を貴管内市町村（政令指定都市を除く。）に対して、周知いただくようお願いいたします。

記

第１　立体道路制度について

　イ　立体道路制度の活用に係る手続
　　①　道路管理者は、地区計画の区域内の道路又は都市再生緊急整備地域の道路において、適正かつ合理的な土地利用の促進を図るため必要があると認めるときは、道路の区域を空間又は地下について上下の範囲を定めたもの（以下「立体的区域」という。）とすることができる。
　　②　都市計画決定権者は、地区計画又は都市再生特別地区に関する都市計画において、道路の区域のうち建築物等の敷地として併せて利用すべき区域（以下「重複利用区域」という。）及び当該区域内における建築物等の建築又は建設の限界（以下「建築物等の建築限界」という。）を定めることとして、土地の利用に関する権利を有する者（以下「地権者」という。）からの意見聴取、道路管理者との協議等の手続を進め、道路管理者による道路の立体的区域の決定と相前後して、都市計画決定することが望ましい。
　　③　地区計画又は都市再生特別地区に関する都市計画の内容に適合し、かつ、建築基準法施行令（昭和25年政令第338号）第145条第１項に定める基準に適合する建築物で特定行政庁が安全上、防火上及び衛生上支障がないと認めたものについては、建築主事等の確認を得れば、地区計画又は都市再生特別地区の区域のうち重複利用区域として定められている区域内の道路の上空又は路面下に建築することができる。
　ロ　市街地再開発事業においても道路と施設建築物との一体的整備を行うことができることとされている。
　ハ　本制度の活用に当たっては、都市計画法（昭和43年法律第100号）第23条第７項又は都市再生特別措置法（平成14年法律第22号）第36条の２第２項の規定により、建築物等の建築限界を定めようとするときは、あらかじめ、道路の管理者又は

管理者となるべき者との協議を行うことが規定されていることや、地区計画又は都市再生特別地区の区域のうち重複利用区域として定められている区域内の道路は、建築基準法（昭和25年法律第201号）第43条第1項の規定に基づく接道の対象となる道路（以下「接道対象道路」という。）から除かれること等を踏まえ、道路管理部局（計画道路に係る将来道路管理者を含む）、都市計画部局、建築部局が緊密に連携して、立体的区域、重複利用区域等を定めるべきである。

第2　道路の上下空間又は地下における建築物等の整備について

（1）　道路の立体的区域の決定について

イ　道路管理者は、適正かつ合理的な土地利用の促進を図るため必要があると認めるときは、道路の構造保全・交通の危険防止、地権者の意向、周辺の地理的状況等を勘案し環境の保全に配慮しつつ、道路の区域を立体的に限定することにより、道路の上下の空間に建築物等を建築又は建設できるところである。

この場合、「適正かつ合理的な土地利用の促進を図るため必要があると認めるとき」とは、都市的な土地利用が予定されている区域内において道路の新設又は改築を行う場合に、用地の所有権を取得する方途では事業の円滑な執行に支障をきたすおそれがある場合又は既存道路において地域の一体化や機能的かつ魅力に富んだ空間の創出等の地域活性化の観点から、良好な市街地環境を確保しつつ、土地の有効・高度利用を図るため必要があると認められる場合等を意味するものである。

ロ　道路の立体的区域の範囲は、道路構造令（昭和45年政令第320号）第12条に定める建築限界に、専ら道路を支持又は保全するため道路の構造上必要となる高架道路の桁、支承、トンネルの躯体等の空間、道路の管理上必要な道路標識、換気施設等の空間、道路の維持管理の作業に必要となる空間等を加えたものとすること。

ハ　道路の区域を立体的区域として決定し、又は変更しようとするときは、トンネル構造の立体道路にあっては当該道路トンネル空間の全てを立体的区域として決定する等原則として立体的区域とその上空の建築物等との間に空間が生ずることのないように努めること。

ニ　道路の区域を立体的区域として決定し、又は変更しようとするときは、立体的区域の決定又は変更に係る地域を管轄する都道府県公安委員会に協議しなければならないこととされていること（道路法（昭和27年法律第180号）第95条の2第2項）。この協議に当たっては、当該協議が道路の立体的区域の範囲を都道府県公安委員会の行う交通管理に支障の生ずることとならないように決定又は変更するためのものであることに鑑み、あらかじめ十分な連絡調整を行うこと等により、円滑に事務を処理し得るよう配慮すること。

ホ　道路の立体的区域の公示は、千分の一以上の適切な縮尺の図面を用いること等により当該区域の範囲が明確となるようにすること。

ヘ　以上のほか、以下の事項に留意すること。

①　立体的区域の決定に係る道路が、鉄道の上下（鉄道に接続する区域を含む。）に存する場合は当該鉄道事業者と、国有地（各省庁所管に属する特殊法人又は認可法人が権原を有している土地を含む。）である場合は当該土地の権原を有する

者と、立体的区域の決定について十分な連絡調整を行い協議を調えた上で、区域決定を行うこと。
　　また、立体的区域の決定に係る道路の上下に日本国有鉄道清算事業団の債務等の処理に関する法律（平成10年法律第136号）第13条第2項に基づき日本鉄道建設公団から独立行政法人鉄道建設・運輸施設整備支援機構が承継した土地又は同機構が買戻権を有する土地が存するか否かについて確認を行い、これらに該当する土地が存する場合には、立体的区域の決定について同機構の承認を得た上で、区域決定を行うこと。
② 　道路の立体的区域の決定は、市街化区域並びに市街化区域及び市街化調整区域に関する都市計画が定められていない都市計画区域における用途地域の定められている土地の区域に限られるものであること。
③ 　原則として国立公園及び国定公園の区域内には道路の立体的区域を決定しないものとするとともに、やむを得ず決定することとなる場合は国立公園にあっては国立公園管理（官）事務所と、国定公園にあっては都道府県自然公園主管部局と協議すること。
④ 　環境影響評価法（平成9年法律第81号）に基づき、道路の新設又は改築に係る環境影響評価を実施する場合で、対象となる道路に立体的区域が決定される区間がある場合には、道路の立体的区域の上下の空間又は地下についても、環境に及ぼす影響の調査、予測、評価の対象となるものであること。
(2) 　道路一体建物に関する協定について
　道路管理者は、道路の区域を立体的区域とした場合において、道路と道路区域外に新築される建物とが一体的な構造となることについて当該建物を新築してその所有者になろうとする者との協議が成立したときは、協定を締結して道路の新設、改築その他の管理を行うことができ、さらに道路の管理上必要があるときは協定に従って当該建物の管理を行うことができる。
　この協定は、道路一体建物によって支持される道路が極めて公共性の高い公物であることに鑑み、その適正な管理を確保するため、あらかじめ建物の建築・管理の内容を定めておくこととするものであり、その締結は、道路一体建物及びそれによって支持される道路を整備するための必要条件であることから、建物の所有者になろうとする者との協議が調ったものについてのみ協定を締結し、道路一体建物に係る道路の整備を推進すること。
(3) 　道路保全立体区域の指定について
　イ 　道路保全立体区域は「道路の構造を保全し、又は交通の危険を防止するため必要があると認めるとき」に指定されるものであるが、道路の区域を立体的に限定している道路の上下の空間から道路に及ぼされる障害を防止するため定められるものであることに鑑み、道路の上下の空間において、何らかの物件の設置、行為が行われ、それにより道路の機能に支障が生ずるおそれがあるような場合には、トンネル等の場合で明らかに道路機能に支障が生ずるおそれがないと認められる場合を除いて、原則として道路保全立体区域を指定し、あらかじめ道路の構造保全・交通の危

険防止を図るべきである。
ロ　道路保全立体区域は当該区域内の土地等の所有者又は占有者に一定の行為制限を課すことに鑑み、その指定は必要最小限の上下の範囲に限るものとする。
ハ　道路保全立体区域内では、道路の構造に損害を及ぼし、又は交通に危険を及ぼすおそれがあると認められる場合は、土地等の所有者又は占有者は必要な措置を講じなければならず、講じない場合には措置命令ができることとされているが、他の法律に基づく物件、又は他の法律に基づく行為は、当該物件又は行為が各々の法律に照らして適正なものである限りは、道路の構造や交通に支障を及ぼすことはまずありえないことから、そのような物件又は行為に対し特別の制限が加えられるものではない。
　なお、他の法律に基づく物件又は行為が、各々の根拠法に照らして違法なものと認められる場合には、遅滞なく、各々の所管部局に対しその是正方申し入れ道路管理に支障の生ずることとならないようにすること。
ニ　鉄道の上下（鉄道に接続する区域を含む。）に存する道路について、道路保全立体区域の指定又は変更を行おうとする場合は、当該鉄道事業者に十分な協議を行うこととし、協議が調わない場合には道路保全立体区域の指定を行わないものとすること。

（4）　その他
　従来より、道路管理者と鉄道事業者との間で協定等により道路について上下の範囲を限定することとしている道路に関しては、道路管理者は当該協定等の趣旨を尊重し、従前の取扱いと異ならないようにすること。
　なお、この場合において協定等により鉄道事業者が有していた権利には何ら変更はないものとすること。

第3　立体道路制度を適用する地区計画又は都市再生特別地区に関する都市計画について
（1）　地区計画又は都市再生特別地区に関する都市計画による立体道路制度の対象となる道路について
　立体道路制度の対象となる道路には、既存の道路のほか、都市計画において定められた計画道路も含まれるため、新たな道路を整備しようとする場合において、立体道路制度の適用が必要なときは、都市計画道路として積極的に都市計画に定めることが望ましい。
（2）　立体道路制度を適用する地区計画又は都市再生特別地区に関する都市計画の計画事項について
　道路の上空又は路面下において建築物等の建築又は建設が行われる場合は、土地の有効・高度利用に資するものとなるよう配慮することが重要であるが、市街地における道路空間は、単に通行の場というにとどまらず、日照、採光、通風等の確保、非常時の避難路、消防活動の場等として重要な機能を有していることから、立体道路制度の活用に当たっては、地区全体としてこれらの機能が確保されるよう、良好な市街地環境の確保の観点からも十分に配慮するべきである。このため、地区計画において、必要に応じ、地区施設の配置及び規模、容積率の最高限度、建蔽率の最高限度、建築物の高さの最高

限度、壁面の位置の制限等を適切に定め、良好な市街地環境が確保されるよう努めることが望ましい。また、都市再生緊急整備地域ごとに定められた都市再生緊急整備地域の整備に関する方針を踏まえたふさわしい都市空間の形成を図るとともに、防災・交通・衛生等の機能の確保等良好な市街地環境の確保を図る観点から、都市再生特別地区に関する都市計画において、建築物の高さの最高限度及び容積率の最高限度等をきめ細やかに設定することが望ましい。
（３）　立体道路制度を適用する地区計画又は都市再生特別地区に関する都市計画の区域の定め方について

　　重複利用区域及び当該区域内における建築物等の建築限界を定める地区計画又は都市再生特別地区に関する都市計画の区域は、これらの制度の本来の趣旨を的確に踏まえた上で、道路の上空又は路面下における建築物等の建築又は建設が周辺地域の市街地環境に与える影響を十分に勘案し、適切なものとなるように定めるべきである。
（４）　重複利用区域の定め方について

　　重複利用区域は、現実に建築物等の敷地として利用される部分についてのみ定めることとし、利用が予定されていない区域については定めるべきではない。

　　また、重複利用区域の設定については、立体道路制度の対象となる道路が接道対象道路として扱われなくなること等に鑑み、あらかじめ、特定行政庁と十分な連絡調整を行うべきである。
（５）　建築物等の建築限界の定め方について

　　地区計画又は都市再生特別地区に関する都市計画に定める建築物等の建築限界は、原則として道路構造令第12条に定める建築限界に、専ら道路を支持又は保全するため道路の構造上必要となる高架道路の桁、支承、トンネルの躯体等の空間、道路の管理上必要な道路標識、換気施設等の空間、道路の維持管理の作業に必要となる空間等を加えた空間の境界線の上下と一致するものとし、縦断面図及び横断面図により、その上下を表示するべきである。その場合、縦断面図及び横断面図は、建築物等の建築限界が、容易に判断できるよう、適切な縮尺を設定することが望ましい。
（６）　立体道路制度を適用する地区計画又は都市再生特別地区に関する都市計画における容積率の設定方法について

　　道路の上空又は路面下において建築物の建築が行われる場合、都市計画において一般的には建築物の建築が想定されていない道路の利用に供される土地の区域の容積を活用することから、交通施設及び供給処理施設の容量や周辺地域に対する環境上の影響等を勘案して、必要に応じて、容積率の最高限度を適切に定めることが望ましい。また、重複利用区域を定める地区計画に再開発等促進区を定めることにより、又は都市再生特別地区に関する都市計画を定めることにより、基準容積率（用途地域に関する都市計画により定められた容積率の最高限度をいう。以下同じ。）とは別に容積率の設定を行う場合は、改めて、当該区域周辺の基準容積率、地区施設又は都市計画法第12条の５第５項第１号に規定する施設の配置及び規模、交通施設及び供給処理施設の容量、周辺地域に対する環境上の影響等を勘案しつつ適切に行うことが望ましい。
（７）　他機関等との協議等について

関係道路管理者への協議のほか、特定行政庁、道路の上空利用による視認性の低下によって生ずる道路交通の安全と円滑への影響等についての都道府県公安委員会、建築物等の防火上の安全等についての所轄の消防長又は消防署長等の関係機関との必要な調整が行われるべきである。

市町村は、都市計画法第23条第7項の規定による道路の管理者又は管理者となるべき者との協議を行う場合は、地区計画の案の作成段階で行うことが望ましい。

（8）　周辺地権者等への情報提供

今回の法改正により、立体道路制度の適用対象が都市計画区域内の全ての道路へ拡充されたことから、既存の市街地において立体道路制度を適用するに当たっては、重複利用区域内の道路が接道対象道路から除かれること等を踏まえ、地方公共団体においては、立体道路制度の趣旨に沿って円滑な運用が図られるよう、ホームページで重複利用区域等に係る情報を掲載する等、重複利用区域及びその周辺の土地や建築物等の所有者等に対して、立体道路制度に係る適切な情報提供が行われるよう努めること。

第4　重複利用区域における都市計画法第53条の制限の取扱い

地区計画又は都市再生特別地区に関する都市計画に定める重複利用区域内において行う行為で、地区計画又は都市再生特別地区に関する都市計画に定める建築物等の建築限界に適合して行われる道路法第47条の8第1項第1号に規定する道路一体建物の建築及び当該道路を管理することとなる者が行う建築物の建築については、都市計画法第53条の制限が適用されないことに留意すべきである。

また、都市計画に定められた道路に立体道路制度を適用する際、都市計画法第11条第3項の規定により都市施設を整備する立体的な範囲を都市計画に定めることも考えられる。

さらに、地区計画又は都市再生特別地区に関する都市計画に定める重複利用区域内において行う建築物の建築で、地区計画又は都市再生特別地区に関する都市計画に定める建築物等の建築限界に適合して行われるものについて都市計画法第53条の許可の申請がなされたときは、当該道路の整備上支障がないことが推定されるので、速やかに許可することが考えられる。

なお、都市モノレール、新交通システム、路外駐車場（バスターミナルの機能を有するものを含む。以下同じ。）、路外駐輪場等のうち、一般的な道の機能を有しないものであって、道路法第47条の7の立体的区域を定めた道路及びトンネル構造の道路が都市計画施設である場合、その区域内に建築物を建築しようとする際には、都市計画法第53条による許可対象として差し支えないことに留意することが望ましい。

第5　立体道路制度を適用する道路に関する都市計画決定について

（1）　道路の都市計画の決定又は変更について

　イ　都市施設である道路に関する都市計画について、重複利用区域及び当該区域内における建築物等の建築限界を定める地区計画又は都市再生特別地区に関する都市計画と併せて定める場合は、重複利用区域及び建築物等の建築限界を表示した平面図、縦断図及び横断定規図を計画図に添付することが望ましい。

　ロ　立体道路制度の適用が予定される道路に関する都市計画を定める場合にあって

は、立体道路制度の対象となる道路が接道対象道路として扱われなくなること等に鑑み、あらかじめ、特定行政庁と十分な連絡調整を行うべきである。
　ハ　地区計画又は都市再生特別地区に関する都市計画の決定又は変更に併せて都市計画施設である道路に関する都市計画を変更しない場合においても、その後何らかの事由により当該都市計画道路に関する都市計画を変更する場合には、上記平面図、縦断図及び横断定規図を計画図に添付することが望ましい。
（２）　建築物等と一体的に整備される道路に係る環境への配慮について
　　都市計画に係る国土交通省所管事業に関する環境影響評価については、環境影響評価法により実施してきたところであり、建築物等と一体的に整備されることとなる道路に係る都市計画の決定又は変更（軽易な変更を除く。）を行うに際しても、必要に応じて、環境影響評価を行うものであることに留意が必要である。

第６　市街地再開発事業における立体道路制度の活用について
（１）　道路と施設建築物との一体的整備を行うことができる市街地再開発事業について
　イ　都市再開発法（昭和44年法律第38号）第109条の２第１項及び第118条の25第１項並びに都市再生特別措置法第36条の５の規定により、事業計画において、施設建築敷地の上の空間又は地下に道路を設置し、又は道路が存するように定めることができる市街地再開発事業は、地区計画又は都市再生特別地区に関する都市計画において重複利用区域として定められている区域内における市街地再開発事業その他建築基準法第44条の規定に適合して、道路の上下の空間又は地下において施設建築物の全部又は一部を建築する市街地再開発事業（都市再開発法施行令（昭和44年政令第232号）第43条の２及び第46条の12）であることに留意が必要である。
　ロ　「建築基準法第44条（第１項第３号を除く。）の規定に適合」する場合とは、建築基準法第44条第１項第１号、第２号及び第４号に掲げる建築物を施設建築物として建築する場合のほか、道路区域であっても一般的な道の機能を有しないことから同条の適用においては「道路」とは取り扱われない土地の上に建築される建築物等同条の規制の対象外である建築物を施設建築物として建築する場合を含むことに留意が必要である。
（２）　一棟一筆の原則の例外について
　イ　事業計画において施設建築敷地の上の空間又は地下に道路を設置し、又は道路が存するように定めた場合（以下「事業計画に立体道路を定めた場合」という。）においては、権利変換計画又は管理処分計画は、施設建築敷地の道路部分については、それ以外の施設建築敷地の部分と別の筆の土地となるものとして定めなければならず、さらに、当該施設建築敷地の道路部分は、特別の事情がない限り、一筆の土地となるものとして定めなければならないことに留意が必要である（都市再開発法第109条の２第２項及び第118条の25第２項において準用する第109条の２第２項）。
　ロ　「特別の事情がある場合」とは、施設建築敷地内の道路が、その部分により管理者を異にする場合等施設建築敷地の道路部分について、複数の区分地上権を設定する必要がある場合を含むものであり、その場合には登記すべき区分地上権の数だけ

筆を分ける必要があることに留意が必要である。
（３）　区分地上権の明細等について
　　イ　事業計画に立体道路を定めた場合は、都市再開発法施行規則（昭和44年建設省令第54号）第28条第３項又は第37条の５第３項に規定する様式に従い、権利変換計画又は管理処分計画において道路の区分地上権の明細及び帰属並びにその存続期間その他の条件の概要を定めなければならないことに留意が必要である。
　　ロ　「区分地上権の明細」とは、区分地上権が設定される区域の範囲のことであり、この区域の範囲は、原則として道路の立体的区域の範囲と一致することが望ましい。「存続期間」は、原則として「道路の存続期間中」とすることが望ましい。「その他の条件」としては、土地所有者等が道路管理に関し支障となる行為を行わないこととする等同種の道路を一般の道路事業で整備する場合において、当該道路の管理者が民法（明治29年法律第89号）第269条の２第１項後段の規定による制限として登記すべき事項を定めることが望ましい。
　　ハ　これらの事項を定めるに当たっては、当該道路の管理者となる者と十分に調整を行うことが望ましい。
（４）　区分地上権の設定対価について
　　道路の区分地上権の設定対価相当額については、施行者は、都市再開発法第121条第１項の公共施設管理負担金として、当該道路の管理者となる者に対して、その負担を求めることができるものであることに留意が必要である。
（５）　施設建築敷地の価額の概算額等の特例について
　　事業計画に立体道路を定めた場合における施設建築敷地の価額の概算額又は建築施設の部分の価額の概算額の算定に当たっては、都市再開発法施行令第43条の３又は第46条第３項若しくは第46条の３第３項の規定に基づき、道路の区分地上権の価額が当該施設建築敷地の道路部分の価額に占める割合を適正に参酌しなければならないことに留意が必要である。

第７　道路内建築制限の合理化等について
（１）　道路内建築制限の合理化について
　　適正かつ合理的な土地利用を促進するため、地区計画又は都市再生特別地区の区域のうち重複利用区域として定められている区域内の道路の上空又は路面下においては、当該地区計画又は都市再生特別地区に関する都市計画の内容に適合し、かつ、建築基準法施行令第145条第１項に定める基準に適合する建築物で特定行政庁が安全上、防火上及び衛生上支障がないと認めるものが建築できることから、特定行政庁は、制度の趣旨に鑑み、良好な市街地環境の確保に十分配意しつつ、この特例の適切な活用を図るべきである。
　　なお、当該建築物の建築に当たっては、建築基準法第６条等に基づく手続も必要であることを申し添える。
（２）　建築基準法第44条第１項第３号の認定について
　　イ　建築基準法第44条第１項第３号の規定に基づく特定行政庁の認定（以下「本認定」という。）については、市街地における道路が、安全で良好な環境の市街地を

形成する上で極めて重要な役割を果たすものであり、道路内に建築物を建築することが周辺市街地の環境に極めて大きな影響を及ぼすことに鑑み、地区計画又は都市再生特別地区に関する都市計画の内容に適合する建築物について、安全上、防火上及び衛生上の観点から、具体の建築計画の内容、周辺市街地の状況等を十分勘案して運用を行うべきである。

ロ　重複利用区域内においては、当該地区計画又は都市再生特別地区に関する都市計画の内容に適合し、かつ、建築基準法施行令第145条第1項に定める基準に適合する建築物については、道路内建築制限が特定行政庁の認定により解除されることとされ、一方、地区計画又は都市再生特別地区の区域のうち重複利用区域として定められている区域内の道路は、建築基準法第43条以下の規定においては、第44条の規定を除き、道路として扱わないことに鑑み、重複利用区域の設定その他地区計画又は都市再生特別地区に関する都市計画に係る計画策定に関し都市計画担当部局と緊密な連絡調整を図るべきである。

ハ　建築基準法第44条第1項第3号に基づいて、特定行政庁が「支障がない」と認めるに当たっては、あらかじめ、道路管理者、特定行政庁、消防長又は消防署長（消防本部を置かない市町村においては、市町村長）等の関係機関において、消防・避難に係る事項一般について十分な連絡調整を行うべきである。

(3)　道路内に建築することができる建築物について

イ　本認定の対象となる建築物の基準については、建築物又は道路の一方で火災が起こった場合に他方に及ぶ影響を最小限に抑えるとともに、建築物が道路の上空に設けられる場合には、落下物により道路交通に支障が生ずることを防止する観点から建築基準法施行令第145条第1項を規定しており、個別具体の建築計画の内容、道路の形態、道路交通の状況等に即して適切に判断すべきである。

なお、建築基準法施行令第145条第1項第2号に規定する特定防火設備の基準については、昭和48年建設省告示第2564号によること。

ロ　以上のほか、以下の点に留意することが必要である。

①　自動車のみの交通の用に供する道路及び地区計画又は都市再生特別地区の区域のうち重複利用区域として定められている区域内の道路は、建築基準法第43条以下の規定においては、第44条の規定を除き、道路として扱われないことから、これらの道路内に建築する建築物の敷地は、これらの道路以外の他の道路に接道していることが必要なものであること。また、これらの道路は、容積率制限又は道路斜線制限の際の前面道路にはならず、さらに、これらの道路内に建築する建築物は、建築基準法第57条第2項に規定する道路内にある建築物には該当しないものであることから、他の道路を前面道路として道路斜線制限が適用されるものであること。

なお、地区計画又は都市再生特別地区に関する都市計画において、道路の一部にのみ重複利用区域を定める場合（例：既存の道路の上空に建築物を張り出して建築する場合等）については、当該道路のうち重複利用区域が定められていない部分（幅員等が建築基準法上の道路としての要件を満たすものに限る。）は接道

対象道路として扱われ、容積率制限又は道路斜線制限の際の前面道路にもなること。

また、特に、市街地における既存の道路に重複利用区域を定める場合には、重複利用区域内の道路が接道対象道路から除かれること等を踏まえ、既存の建築物に係る建築基準法上の道路関係規定その他の規定に不適合が生じることがないよう十分留意すること。

② 道路一体建物で、建築基準法第43条第2項に規定する建築物に該当するものについては、避難又は通行の安全の目的を達成するため、合理的に必要な範囲内で、同項の条例による制限の付加を図ることも考えられる。この場合において当該建築物の避難又は通行の安全の確保と円滑な消防活動の確保とは密接な関係にあることに鑑み、当該条例による制限を付加するに当たっては、合理的に必要な範囲内において、はしご車による避難・消防活動の円滑化等の観点も配慮すべきである。

③ 道路の上空又は路面下に建築される建築物に係る道路の区域のうち専ら道路交通の用に供する部分以外の部分は、当該建築物の床面積に算入されるものであること。

④ 建築基準法第44条第1項第3号による道路と一体的な構造である建築物等について、安全確保のために特段の措置を講ずることが必要であると考えられる場合には、(2)ハのとおり十分な調整を行うべきである。

(5) 地区計画の区域内において市町村が条例で定める制限について

イ 地区計画の区域内において市町村が条例で定める制限については、昭和56年10月6日付け建設省計民発第29号建設省都計発第122号建設省住街発第72号建設省計画局長、都市局長及び住宅局長通達「都市計画法及び建築基準法の一部改正について」、昭和63年12月22日付け建設省経民発第52号建設省都計発第140号建設省都再発第131号建設省住街発第124号建設省建設経済局長、都市局長及び住宅局長通達「都市再開発法及び建築基準法の一部改正について」等を踏まえ、特に以下の点に留意が必要である。

① 建築基準法第68条の2第1項の規定に基づく条例(以下「条例」という。)は、地区計画の内容のうち特に重要なものについて、建築基準法施行令第136条の2の5に規定する基準に従い、適正な都市機能と健全な都市環境を確保するため合理的に必要と認められる限度のものとするとともに、個別の建築物又はその計画が当該制限に適合するか否かが一義的に判断されるように明確なものとすべきである。

② 条例による制限は、地区計画の内容として定められたもののうちから定められるものであるので、条例で制限として定められることが見込まれる事項については、その内容について都市計画担当部局と緊密な調整を図るべきである。

ロ 建築物の建築の限界の制限については、以下の点に留意が必要である。

① 建築物の建築の限界の制限は、地区計画に重複利用区域が定められる場合に限って条例で制限として定めることができるものであり、建築物が一定の限界を

超えて建築されることを制限することにより道路の整備をする上で必要となる一定の空間を確保する目的で定められる制限であることに留意が必要である。
　　② 建築物の建築の限界を条例で制限として定める場合にあっては、建築基準法施行令第136条の2の5第1項第10号に規定する基準に従い、道路の整備上合理的に必要と認められる限度のものとするとともに、個別の建築物又はその計画が当該制限に適合するか否かが一義的に判断されるように明確なものとすべきである。
　　③ 建築物の建築の限界の制限が条例で定められると、道路内建築制限がかからない場合であっても、その内側において建築物を建築することが制限されることとなるので、これにより不都合をきたすおそれがあるときには、個別に必要性を判断した上で当該制限の趣旨に反しない限りにおいて、条例に適用除外の規定を定めることも考えられる。

第8　歩行者専用道路、自転車専用道路及び自転車歩行者専用道路

　都市における土地の高度利用、街並みの連続性や賑わいを創出する観点から、良好な市街地環境の形成や道路管理上支障が無く、都市計画上の位置付けが明確にされるなど、一定の要件を満たす場合には、道路空間と建築物の立体的利用を図ることは重要である。特に、例えば、ペデストリアンデッキ、自由通路やスカイウォークのような高架の歩行者専用道路については、街並みの連続性や賑わいの創出、駅周辺等におけるバリアフリー化といった観点からも、建築物との立体的利用を促進し、その整備を進めていくことが必要である。
　このため、歩行者専用道路、自転車専用道路及び自転車歩行者専用道路についても、立体道路制度を適用して差し支えない。なお、これらの道路についても、既存の建築物に係る建築基準法上の道路関係規定その他の規定に不適合が生じることがないよう十分留意することは同様であること。

第9　その他

　　イ　いわゆる道路法の道路であっても、都市モノレール、新交通システム、路外駐車場、路外駐輪場等のうち、一般的な道の機能を有しないものについては、建築基準法第42条の「道路」として取り扱わないこととして差し支えないこと、また、従来どおり、トンネル構造の道路の上空については建築基準法第44条の制限が課されないものであることに留意が必要である。
　　ロ　鉄道と交差する道路によって分断される鉄道事業者の敷地を含む鉄道周辺の計画的整備で良好な市街地環境の整備改善に資するものについては、必要に応じ総合設計、特定街区、地区計画、一団地の総合的設計等の適切な活用を図ることが考えられる。

空き地・空き家を活用した
都市のスポンジ化対策Q&A

平成30年10月10日　第1刷発行

編　集　都市計画法制研究会

発　行　株式会社ぎょうせい

〒136-8575　東京都江東区新木場1-18-11
　　　　　　電　話 編集　03-6892-6508
　　　　　　　　　 営業　03-6892-6666
　　　　　　フリーコール　0120-953-431

URL：https://gyosei.jp

〈検印省略〉

印刷　ぎょうせいデジタル㈱　　　　　　　Ⓒ2018 Printed in Japan
※乱丁・落丁本はお取り替えいたします。

ISBN978-4-324-10521-4
(5108442-00-000)
[略号：スポンジ化ＱＡ]